Medinilla magnifica

全世界的一切生命都受到植物的恩惠
它们就像是大自然的真正国王

Gomphocarpus fruticosus

花园时光 TIME
GARDEN

True Portraits of Chinese Wild Plants

山野草木绘真②

草木有灵，滋养华夏五千年

中国林业出版社
China Forestry Publishing House

Couroupita guianensis

总策划
花园时光工作室

科学性审核
总审：刘冰（中国科学院植物研究所）
手绘图审核：卢元（西安植物园）

主编
赵芳儿

手绘
出离　李小东

撰稿
刘晓霞 何小唐 骆会欣 蔡丸子 赵芳儿 田林源

Lilium speciosum var. *gloriosoides*

根系探索——草木与人类共生的万年史诗

华夏文明，是山野草木与人一路相伴的文明。

当第一缕晨光穿透森林时，人类文明的故事便在这片绿色摇篮中展开。从神农尝百草的远古传说，到《诗经》中“采采卷耳”的吟咏，草木始终是中华文化血脉中流动的绿色基因。这份绵延千万年的共生关系，既塑造了中国人“天人合一”的生存智慧，也沉淀为文明最本真的生命记忆。

草木的馈赠之心

草木与人关系的建立，首先源于草木的馈赠之心，它们铺就了人类生命延续的物质基石。而向草木寻求生存之道，是造物主给人类写好的答案。

约 1 万年前，华夏先民在黄河流域、长江流域依靠采集野生果实、根茎为生，逐步积累植物识别经验。偶然中的必然，人类在无意中发现掉落在地的种子能够生长出新苗，这个看似平常的观察却引发了农业革命——人类开始了种植和驯化植物。河姆渡遗址的碳化稻谷证明，早在七千年前，华夏先民就完成了野生稻向栽培稻的驯化革命。在千里之外，粟作文明早已绽放黄河流域——在河北磁山文化遗址（约 8000 年前），发现大量窖藏粟粒。大豆在商周时期完成油脂革命，孕育出豆腐、豆酱等百变形态……一颗颗看似微不足道的植物种子，参与着人类饮食文明的每一次重大变革。无论科技何等发达，我们生命的存在和延续，依旧依赖于草木的馈赠。

而在医药领域，艾草在端午节的门楣上摇曳了三千年，现代研究证实其挥发油对金黄色葡萄球菌有显著的抑制作用。青蒿素的现代传奇始于葛洪《肘后备急方》“青蒿一握，以水二升渍，绞取汁”，屠呦呦团队据此发现低温提取法，使抗疟有效率从 40% 提升至 97%。而秦岭深处的野生黄连群落，至今仍是全球天然黄连素最重要的基因库……从《神农本草经》记载药用植物 250 多种，到《本草纲目》的 1200 余种，《中国药用植物志》收录药用植物 1.1 万种，这些绿色药库至今仍在守护人类健康。

稻粟填饱了肚子，草药治愈了疾病，造物主继续向人类解锁草木的另一种功能——实用，人类文明迈向更高的阶梯。

河姆渡遗址的葛布残片，见证人类最早利用植物纤维的历史。汉代《氾胜之书》记载的沤麻技术，使苎麻出麻率提升，马王堆汉墓出土的素纱禅衣仅 49 克，其原料来自苎麻的精选纤维。竹子在工匠手中幻化为二十八种生产工具，《天工开物》记载的“竹纸法”至今仍在福建将乐地区延续。桑蚕经济支撑起丝绸之路的辉煌，茶贸易改写了世界格局，树木造船实现了郑和下西洋的壮举，这些历史文明转折点的背后，无一不是源于植物实用之功。

人类的崇拜感恩

“你以绿叶供养我的呼吸，我用文明守护你的四季。”

任何长久的关系，都是一场“双向奔赴”。人类与植物的共生，同样不能只是人类简单的资源索取。在华夏文明漫长的演进中，人类与草木逐渐形成了一套独特的生命对话体系——草木无私地供给生存所需，人类则通过文化仪式与精神投射完成感恩回馈。

新石器时代的磁山文化遗址中，储粮窖穴旁的祭祀坑暗示着早期人类对谷物神灵的敬畏。这种朴素的感恩意识在农耕文明成熟期发展出体系化的表达：《周礼》记载的“社稷”祭祀中，五谷神与土地神共享最高规格的礼遇；汉代画像砖上反复出现的连理树、嘉禾等祥瑞图案，将植物丰收与国家治乱关联。少数民族的植物崇拜更具生态智慧：哈尼族将寨神林视为村落命脉，傣族的茶树祭祀延续千年……这些活态传统构成文化多样性的基因库。

文人墨客则赋予植物人格化的精神意象，陆游“零落成泥碾作尘，只有香如故”的咏梅词，郑板桥“咬定青山不放松”的竹石图，都将植物特性升华为民族精神符号。宋代文人将竹的“未出土时先有节”上升为气节象征，苏轼在黄州垦荒时总结的“宁可食无肉，不可居无竹”。明清时期，北京四合院标配石榴（多子）、海棠（富贵）、枣树（早立子），形成独特的居住生态文化。

当代社会正在重构这种古老关系的现代性表达。在云南景迈山，布朗族仍保持着对古茶树的仪式性采摘，每季开摘前需由族长举行敬茶祖仪式；福建霞浦的“榕树法庭”延续着用古树调解纠纷的古老智慧，浓荫下的审判席见证着自然权威与世俗法治的融合。

城市化进程中的反差现象更值得玩味：当基因技术可以改良作物品种，陕西关中农民仍会在播种季向粮神后稷焚香祷告；当无人机可以监测森林火险，长白山采参人依旧遵守着“抬参”仪式中的每项禁忌。

年轻一代的办公桌上摆满小巧的盆栽，热植发烧友购买整套的补光设备为植物补光……这或许正是远古植物崇拜在数码时代的变形延续——当我们在手机里种虚拟森林时，指尖划动的仍是那颗敬畏自然的本心。

花园时光工作室

2025 年 3 月

说明：

像《山野草木绘真①》一样，对本书植物的分类，也采用了多元混合的方法——在章节的呈现上，按照植物对生态的影响、植物与人的关系分为两大类，在此基础上再进行细分。具体到每种植物，我们设置了多类别的标签，通过标签，您可以了解到它们的多重身份和价值，也算是弥补前面“一分为二”的武断。这样的分类方式依然不完美，但生命本身就是如此，其复杂性注定我们没法用非黑即白的方式来审视它们。

目录 | Contents

七类人间羁绊 × 科学手绘图谱
从神农尝百草到现代生活美学
见证草木如何塑造文明

01

可食植物

舌尖上的野生草木
是融入基因的山河记忆

舌尖上的山河记忆

在江南老屋的黛瓦下，祖母的竹篮里总是盛着季节的密码——春日的荠菜还沾着露水，夏末的桑葚染蓝了指尖，秋霜打过的拐枣甜得醉人，冬雪覆盖的冬笋暗藏生机。这些从土地里自然生长的野果野菜，不仅是自然的馈赠，更是一代代人用舌尖书写的生存史诗，在钢筋水泥的城市里，它们依然在某个角落默默续写着人与土地的古老约定。

文化根系中的野味记忆

“三月三，荠菜当灵丹”，祖母的民谣里藏着农耕文明的生存智慧。在华北平原，孩子们跟着大人“踏青”实为“寻宝”，新翻的泥土里，蒲公英的锯齿叶与灰灰菜的新芽争相破土；岭南丘陵间，客家人唱着山歌采撷桃金娘，紫红的浆果落入竹篓便化作酿酒的上品。这些野生植物早已超越食物范畴：湘西苗寨用乌饭树叶染出深蓝糯米饭祭祀祖先，长白山下的满族人将刺五加嫩芽视为春季“开山菜”，秦岭深处的老人仍用黄精根为归乡游子补气养元。

我的童年记忆里总晃动着这样的画面：在皖南山区的谷雨时节，跟着外公钻进晨雾笼罩的竹林，他教我辨认刚冒尖的蕨菜——“拳头攥紧的能要，手掌摊开的已老”。当竹篮渐渐被毛茸茸的蕨芽填满，林间的斑鸠突然扑棱棱飞起，惊落竹叶上的水珠，那一刻的山野气息永远定格在记忆里。

从山野到实验室的价值科学揭秘

在浙江大学的实验室里，科研人员正从葛根中提取异黄酮，这种天然植物雌激素能缓解更年期综合征；云南的食品工程师将火棘果制成天然色素，其抗氧化性让合成添加剂相形见绌。更令人惊喜的是，原本用来救荒的橡子，经现代工艺脱涩后研磨成粉，做出的橡子豆腐成为控糖人群的新宠。山野之味正在重新定义美食边界。

现代人开始用新的方式延续这份传统：北京妈妈们组建“野菜亲子团”，带着孩子在奥林匹克森林公园认识二月蓝；杭州的茶农恢复“青团古法”，用艾草汁揉面时加入野菊增香；

广州的调香师从鸡矢藤中提取出带着雨林气息的香水前调。这些创新不是对传统的背离，而是以另一种形式完成文化的传承。

永不褪色的土地契约

某个春日的傍晚，我带着女儿在小区草坪寻找荠菜。当她惊喜地喊出“妈妈，这个白花的是不是可以包饺子”时，我仿佛看见三十年前蹲在田埂上的自己。野果野菜从来不只是食物，它们是连接代际的文化脐带，是铭刻在基因里的乡愁密码。当我们俯身触摸这些倔强生长的植物时，其实是在触摸人类最本真的生存记忆——那些关于饥饿与丰饶、索取与敬畏、离别与守望的永恒故事，依然在每一株马兰头舒展的叶片上，在每颗树莓爆浆的甜蜜里，静静流淌。

酸浆果

Capsella bursa-pastoris

01

春天里的『小清新』，餐桌上的『老前辈』

十字花科荠属　一年生或二年生草本
高 10 ~ 50cm　花期 2 ~ 5 月
可食植物 / 药用 / 广布

荠

若要评选中国历史最悠久、最受欢迎的野菜，那荠菜必定榜上有名。

荠的名字最早见于《诗经·谷风》，“谁谓荼苦，其甘如荠。”可见三千年前它就征服了古人的味蕾。苏轼用“时绕麦田求野荠，强为僧舍煮山羹”体现他对荠菜的钟爱；连皇家都要赶时髦，《武林旧事》记载南宋宫廷举办“挑菜节”，挑到荠菜能领金盘子——这大概是史上最豪的野菜盲盒活动。江南有个传统习俗——“三月三地菜煮鸡蛋”，就是用新鲜的荠菜和红枣等一起煮鸡蛋。这个习俗一直沿袭到现在。

古人觉得荠的叶子像梳齿，便用“荠”（通“齐”）字命名，而民间更爱叫它“地菜”“护生草”。谐音“聚财”的好彩头让它成了春日吉祥物。荠菜长得很有辨识度，叶子像羽毛一样散开，边缘还有锯齿。春天刚长出来的荠菜最鲜嫩，叶片翠绿，根茎洁白，散发着淡淡的清香。它喜欢凉爽湿润的环境，耐寒耐热，生命力极强，几乎在任何有土的地方都能扎根生长。

现代科学揭开了人们痴迷荠菜的秘密：每 100 克荠菜维 C 含量堪比柑橘，钙含量是牛奶的 3 倍，还含有乙酰胆碱这种降压成分。现代医学研究还发现，荠菜具有清热解毒、利尿消肿、明目止血等功效。

Nelumbo nucifera

02

淤泥里的千年智者

睡莲科莲属　多年生水生草本
高 50 ~ 150cm　花期 6 ~ 8 月
可食植物 / 药食同源 观赏 / 广布

莲

江湖人称“水中国士”的莲，在泥潭里修炼出了顶级生存智慧——佛祖借它打坐，文人用它明志，吃货靠它解馋，真是“上得佛堂，下得厨房”。

自古以来在文人眼中，莲都是“顶流”。《诗经》说：“山有扶苏，隰有荷华”——西周贵族约会都选荷花池；唐代美食笔记《酉阳杂俎》记载：长安城流行荷花馅点心，御厨用荷叶包饭保鲜。而它最硬核粉丝周敦颐，一篇《爱莲说》让莲花成为文人朋友圈刷屏金句。

之所以如此红了千年，人家是用实力在证明。荷叶表面密布微米级乳突，覆盖疏水蜡质层，水滴滚落时自动打包灰尘，清洁效率堪比纳米机器人；花朵通过产热维持较高的内部温度，吸引甲虫留宿传粉，昆虫说“这比五星级酒店地暖还舒服”；辽宁出土的千年古莲子，经泡水处理仍能发芽，科学家惊叹：“它在休眠时可能偷偷修炼了龟息大法”。现代研究还发现，藕断丝连的黏液含多糖类物质，用其为原料制成的印泥，价值比黄金还贵；莲子芯苦到皱眉却含降血压生物碱；荷叶碱能抑制脂肪吸收，唐代就有“荷叶灰米汤”减肥秘方；仿生学家复刻荷叶结构，研发出永不脏污的建筑涂料。

Solanum nigrum

药食两用的老前辈

03

龙葵

茄科茄属　一年生草本
高 25 ~ 100cm　花期 6 ~ 8 月
可食植物 / 药用 观赏 / 广布

龙葵，可能是因为它的果子成熟时黑得发亮，像龙的眼睛一样炯炯有神，所以名称中带龙字，但真实由来已无从考证。

龙葵辨识度非常高。茎直立或斜生，分枝多。叶片卵形或心形，边缘有波状锯齿，叶脉清晰。夏季开白色小花，呈伞状花序，花冠 5 裂，像小星星一样。浆果球形，直径 5 ~ 8 毫米，未成熟时绿色，成熟后变成深紫色或黑色，表面光滑有光泽。未成熟的青果和茎叶含龙葵碱（类似发芽土豆的毒素），有毒，让动物不敢乱吃；成熟的黑果酸甜可口，吸引鸟类啄食，种子跟着鸟粪传播到远方。

龙葵早在《神农本草经》中就有记载，被列为中品。《本草纲目》称其“苦寒，无毒，主治疗疮肿痛，跌打损伤，咳嗽痰喘”。现代医学研究也发现，龙葵全草可入药，具有清热解毒、活血化瘀、消肿止痛等功效，常用于治疗感冒发烧、咽喉肿痛、跌打损伤等症。而龙葵子则被应用于急性扁桃体炎和疮的治疗。

近年来，龙葵从田间杂草变身成为餐桌新宠。因为嫩茎叶富含维生素、矿物质和膳食纤维，口感清爽。但生食可能会引起恶心、呕吐等不适症状。龙葵株型优美，花果期长，果色鲜艳，可以庭院种植。

Houttuynia cordata

04

西南暗黑料理之王

三白草科蕺菜属　多年生草本
高 20 ~ 60cm　花期 4 ~ 8 月
可食植物 / 药用 / 沟边溪边或林下湿地

蕺菜

蕺菜，这名字很陌生吧？但鱼腥草或折耳根，你肯定不止听过，还吃过吧。对，它们是同一种。它所发出的浓重腥味让很多人“望而却步”，但爱它的人都为它“欲罢不能”，尤其在云南、四川、贵州等地的菜市场常能见到它的身影。

蕺菜四片奶白色“花瓣”其实是苞片，顶着黄绿色“甜筒冰淇淋”花序。在阴暗的生长环境下，显眼的白色苞片是吸引昆虫来传粉的“指路牌”；开花时释放鱼腥 + 土腥混合味，精准吸引苍蝇和食腐甲虫来传粉；全身散发出鱼腥味的“化学武器”（癸酰乙醛等），让虫子嫌臭不吃它，真菌、细菌也绕道走，换来安全和健康。

在我国，食用蕺菜的历史可上溯至春秋时期。据载，早在 2000 多年前，越王勾践为了报仇雪耻，卧薪尝胆，经常登上蕺山采食一种带有鱼腥味的野草，所以后人给它起名叫蕺菜。灾荒之年人们用以充饥。在南北朝时期的《齐民要术》中还具体介绍了它的吃法：把蕺菜的地下茎和葱白一起腌制凉拌。在《唐本草》中亦有记载：蕺菜生湿地山谷阴处，亦能蔓生。叶似荞麦而肥，茎紫赤色。山南、江左人好生食之。

蕺菜在我国西北、华北、华中及长江流域以南各地均有野生，其入药始载于《名医别录》。中医认为其性寒味辛，入肝、肺二经，能清热解毒、化痰排脓、通淋除胀。现代药理实验表明，它还具有抗菌、抗病毒、提高机体免疫力等作用，但因其性寒，虚寒体质人群不宜多食。

Youngia Japonica

照亮砖墙缝隙的「小太阳」

05

菊科黄鹌菜属　多年生草本
高 10 ~ 100cm　花期 4 ~ 10 月
可食植物 / 药食同源 观赏 / 广布

黄鹌菜

早春，在城市的砖瓦缝隙中，在乡间的小路边，常见一簇簇金黄色的黄鹌菜迎风绽放。它就像一个个温暖的小太阳，给早春增添一抹亮色。因为它极强的再生能力和生命力，还被称为“还阳草”。

黄鹌菜的分布比较广，北京、江苏、湖北等地都有生长，不管是田间地头还是树下草丛抑或者沼泽湿地都能看到黄鹌菜的身影。

据《常用中草药手册》记载，黄鹌菜具备清热解毒、通结气、利咽喉的功效。如果有人被毒蛇或马蜂螫咬伤，可采摘黄鹌菜，将其捣碎敷在伤口上以解毒。它药食同源，而且属于一级无公害蔬菜，含有大量的膳食纤维、粗蛋白、多种维生素以及钾、钙、镁、磷、铁、锌等微量元素，常食黄鹌菜有助于促进肠胃蠕动，改善消化不良和缓解便秘。但记得采摘回来的鲜嫩黄鹌菜，一定要用滚烫的开水烫一下，去除苦味后再食用哦。

Ipomoea batatas

06

一造番薯
半年粮

番薯

旋花科番薯属　多年生草本
茎长可达 2 ~ 3m　花期 7 ~ 10 月
可食植物 / 药用 / 广布

番薯，大家再熟悉不过了，但它其实是一种“舶来品”。它原产于南美洲，在 15 世纪大航海的时候被哥伦布带回西班牙推广种植。1593 年福州商人陈振龙从当时为西班牙殖民地的菲律宾引进番薯，但当时西班牙人严禁番薯出口，他就把番薯藤编到汲水的绳子里，并在外面抹上泥，躲过了西班牙人的出境检查，在海上航行了 7 天，终于到了福建厦门。

如今已在我国普遍种植，不同的地方对它的叫法也不一样，有红薯、地瓜、红苕、甘薯、线苕等。

番薯花朵通常是喇叭形，果实为蒴果。由于番薯的花常常不能成功授粉，因此很少能见到番薯的果实。番薯的食用部分是它的根，呈纺锤状，味甜多汁。

番薯是一种高产而适应性强的粮食作物，在中国南方，有“一造番薯半年粮”的说法。块根除作主粮外，也是食品加工、淀粉和酒精制造的重要原料；根、茎、叶可作优良的饲料。番薯还可入药用，在《本草求原》中记载番薯可凉血活血、宽肠胃、通便秘、去宿瘀脏毒、舒筋络、止血热渴，产妇最宜。

此外，在福建和江西等地，番薯因其憨厚大个的形态被称为“懵番薯”，而随着动漫文化的流行，人们更喜欢将其称为“萌番薯”。

Ficus carica

只有榕小蜂
才能看到
我隐藏的美

07

无花果

桑科榕属　落叶灌木或小乔木
高 3 ~ 10m　花期 5 ~ 7 月
可食植物 / 药用 / 广布

不开花就结果，很奇怪是不是？但其实，无花果并非不开花，像其他榕属植物一样，它的花开在“肚子”里，你看不见而已。这种花叫作隐头花序，藏在它梨形的果实内部。

花朵隐藏起来，蝴蝶蜜蜂看不见，授粉怎么办？这便是无花果的个性之处，这个秘密它只告诉榕小蜂，中空的无花果是榕小蜂繁育下一代的绝佳之所。每到无花果花开，就会释放浓郁的花香，榕小蜂被无花果花的香气吸引，它们能从苞片的通道钻入花序内部，接触到雌花，为其传粉。就这样，榕小蜂和无花果之间形成了一种特殊的互惠共生关系。

原产于地中海沿岸的无花果，汉代时沿着丝绸之路从波斯传入中国，唐代时再由新疆传入中原，逐渐在中华大地上生根。唐代《酉阳杂俎》中，便有着关于无花果的生动描述：“长四、五丈，树叶繁茂。叶有五出，似椑麻，无花而实，实赤色，类椑子。”在《圣经》中，无花果是伊甸园中重要的树木之一，象征着繁荣与丰饶，与庇护和庇佑紧密相连。

作为一种具有较高营养和药用价值的水果，无花果含有丰富的膳食纤维、维生素和矿物质，能够有效促进消化、增强免疫力、抗衰老，被誉为“长寿果”。在医学上，无花果更是被用于治疗咽喉肿痛、痔疮、便秘等多种疾病。

Pseudognaphalium affine

『青团』灵魂

08

菊科鼠曲草属　一年生草本
高 10 ~ 30cm　花期 1 ~ 4 月
可食植物 / 药用 / 除东北外遍布全国

鼠曲草

在华东、华南、华中一带，早春的山野间，鼠曲草在迅速萌发，它们很矮小，与老鼠耳朵颇为相似的浅绿的茎叶上面被满白花花的细茸毛，一丛丛的，当地人喜欢在其最鲜嫩的时候采摘回去，做成糕点，是春天时令佳品。南朝的《荆楚岁时记》记载：三月三日，取鼠曲汁，蜜和为粉，谓之龙舌，以压时气。唐诗中亦有描述，“深挑乍见牛唇液，细掐徐闻鼠耳香”。如今，许多地方仍保留了清明节用鼠曲草做成的糕点、祭品上山扫墓、祭奠的习俗。江浙和潮汕人因此更喜欢将鼠曲草叫清明草。

鼠曲草黄灿灿的小圆球顶在枝头，凑近看其实是几十朵微型管状花挤成团，传粉效率高。不仅是可口的野味，药用价值也很高。最早记载见于《名医别录》上：因其叶形如鼠耳，花黄如曲色，故名鼠曲草。李时珍在《本草纲目》中对它也有记载：原野间甚多，二月生苗，茎叶柔软。鼠曲草全株可入药，《本草拾遗》中记载：味甘，平，无毒。《日华子本草》《天宝本草》等多部医学著作均有鼠曲草医药价值方面的记载，认为其具有化痰止咳、祛风除湿、解毒的功效。在民间鼠曲草也被称为“咳嗽草”。

Alkekengi officinarum

小灯笼里的酸甜滋味

09

酸浆

茄科酸浆属　多年生草本
高 30 ~ 80cm　花期 5 ~ 9 月
可食植物 / 药用 观赏 / 广布

身披翠绿，果实却像一盏盏小灯笼，剥开“灯笼”，里面藏着一颗圆润的果实，咬一口，酸酸甜甜。这就是酸浆！

酸浆的老家在中国，民间昵称“红姑娘”。明代文人杨慎在《卮言》中有一段文字解释了“红姑娘”的由来：“燕京野果名红姑娘，外垂绛囊，中含赤子如珠，盈盈绕砌，与翠草同芳，亦自可爱。盖姑娘乃瓜囊之讹，古者瓜姑同音，姑囊之音亦相近耳。”它还有个名字绛珠，据说是曹雪芹老先生笔下那株三生石畔的绛珠仙草的原型。如今在世界各地都能看到它的身影。酸浆最引人注目的就是它的花萼，在果实成熟后会膨大成灯笼状，将果实包裹其中，像一盏盏小灯笼挂在枝头。果实成熟后呈黄色或红色。

酸浆最早出现在《神农本草经》中，被列为上品，认为其具有清热解毒、利尿消肿的功效。李时珍在《本草纲目》中解释道：“酸浆，以子之味名也”。宿萼泡水可清肺利咽，缓解喉咙疼痛。

酸浆果实可以直接食用，也可以加工成蜜饯、果酱、果汁等，但也不要贪多哦，因为它的果实含有微量的龙葵碱，过量食用可能会引起不适。其植株形态优美，果实奇特，具有较高的观赏价值，常被用于园林绿化。

Alkekengi officinarum var. *franchetii*

『红菇凉』

东北

10

挂金灯

茄科酸浆属　多年生草本
高 40 ~ 80cm　花期 5 ~ 9 月
可食植物 / 药用 / 除东北外遍布全国

在白雪皑皑的东北人家房檐下，常有一道亮丽的风景，那就是东北人用线串成串儿的“红菇凉”，也叫“红姑娘”。红菇凉指的是酸浆，挂金灯是酸浆的变种，因而也被叫“红菇凉”。

挂金灯茎高约 40 ~ 80 厘米，基部常匍匐生根；叶长卵形或宽卵形，长 5 ~ 15 厘米，宽 2 ~ 8 厘米；花单生叶腋或枝腋，花冠白，花期 5 ~ 9 月；浆果球状，由绿变红，果期 6 ~ 10 月。

挂金灯全身都是宝，果实可食用、可药用，全株枝叶都可药用，有清热解毒、消肿、清肺利咽、化痛利水等功效，可用于治疗肺热痰咳、咽喉肿痛、骨蒸劳热等症状。谁若嗓子痛，取两枚红菇娘泡水喝，药到病除。挂金灯也可作为观果植物，植于观果园、路边或药草园。

挂金灯生长环境多样，田野、沟边、山坡、草地、林下、路边、水边，都可以生长繁衍，全国各地有分布。

Scorzonera austriaca

11

菊科鸦葱属　多年生草本
高 10 ~ 42cm　花期 4 ~ 7 月
可食植物 / 药用 / 山坡草地 河滩

鸦葱

可以生吃的野菜并不多，鸦葱就是其中之一。据说因它的叶片顶端特别像乌鸦的嘴巴，名字含有一个葱字，但却不是葱。

鸦葱的植株一般会簇生在一起，茎不分枝，一般直立。茎生叶不是很多，往往只有两三片。头状花序，一般只有一朵，生长在茎的顶端，为黄色小花。外形上，常常给人和蒲公英傻傻分不清楚的错觉，还有酷似人参的“地下”根系。

这种植物多分布在我国北方地区，一般会生长在山坡、草地、河滩地。

鸦葱含有丰富的蛋白质、粗纤维、维生素和钙、铁、镁等多种微量元素，嫩茎叶清洗干净之后，用开水焯水就可以做成凉拌菜了，还可以拿来炒鸡蛋、炒肉丝、做饺子馅，都非常鲜美，也有很好的养生功效。

它还有很高的药用价值，主要入药部分就是它的根系，吃起来有一股苦涩味，性寒，所以可以清热，身体上面有肿包的话，用它也可以消下去——新鲜的鸦葱汁液敷在身体上面即可。还可治跌打损伤。虽然鸦葱有很多种类，但是它们的根系药效几乎是一样的。

Scorzonera sinensis

下得了荒野，上得来餐桌

12

菊科鸦葱属　多年生草本
高 5 ~ 50cm　花期 4 ~ 9 月
可食植物 / 药用 / 山坡 林下

桃叶鸦葱

与鸦葱相比，它的最引人注目的特点是其皱波状的叶缘，它的叶子永远皱巴巴的，呈条状，宽而薄，宛如桃叶一般，因而得名。黄色的花朵单生在茎秆顶端。果实和蒲公英很相似，也有茸毛包裹，不过它的茸毛被苞片包围着，很少能像蒲公英一样完全散开。一般高度在 5 ~ 50 厘米。

桃叶鸦葱生长于山坡、丘陵地、沙丘、荒地或灌木林下，海拔范围为 280 ~ 2500 米。它的花期很早，具有抗旱能力强的特点，生命力十分顽强，喜欢独自生长。在我国大部分地区都有广泛分布。桃叶鸦葱是我国特有的一种植物。

桃叶鸦葱是一种兼具食用与药用价值的植物，它含有丰富的蛋白质、胡萝卜素、维生素等，采挖后除去茎叶，洗净根部的泥土，鲜用或切片晒干；其嫩叶用沸水焯熟，加入油盐调拌食用。根据《新华本草纲要》的记载，桃叶鸦葱具有清热解毒、消炎和通乳的功效，可用于治疗疔毒恶疮、乳腺炎、外感风热等症状。

Codonopsis lanceolata

13

赛过「羊乳」的羊乳

羊乳

桔梗科党参属　多年生草本
高 1 ~ 2m　花期 7 ~ 8 月
可食植物 / 药用 / 林下

根据《本草纲目拾遗》记载：羊乳根如荠苨而圆，大小如拳，上有角节，折之有白汁，苗作蔓，折之有白汁。羊乳名字的由来，皆因其根茎多白汁。它又名山海螺、角参、轮叶党参等。

羊乳全株有特殊味道，植株光滑无毛或茎叶偶疏生柔毛。茎基略近于圆锥状或圆柱状，表面有许多瘤状茎痕，根部常肥大成纺锤状并带有少量细小侧根。叶子在主茎上互生，呈披针形或菱状狭卵形，细小。花朵单生或成对生在小枝顶端，花冠阔钟状，裂片 5 个反卷，黄绿色或乳白色，内有紫色斑。种子较多，呈卵形，具有翅膜，细小且为棕色。花果期为 7 ~ 8 月。

羊乳在我国分布于东北、华北、华东和中南各地，生长在山地灌木林下的沟边湿地区或阔叶林内。

羊乳具有一定的益气养阴、润肺止咳、消肿排脓的功效，有利于乳汁的代谢。从营养学的角度来讲，羊乳中含有大量的生长激素，可以促进人体乳腺上皮的代谢，并且可以补充身体所需要的维生素 D。

羊乳是比较理想的保健野菜，地上嫩茎叶和地下肥大根状茎都可食用。因其熟食适口性强，被人们视为山野菜珍品。春天可采羊乳的嫩茎叶，沸水煮熟，冷水浸过，蘸酱食用十分鲜美。鲜根切成条片，用肉一起炒或炖汤、作饺子馅，吃起来更香。

Akebia quinata

14

通经 活血的令牌

木通

木通科木通属 木质藤本
花期 4 ~ 5 月
可食植物 / 药用 观赏 / 灌丛 林缘 沟谷

木通也称为野木瓜、八月炸、活血藤等。名字听起来是不是有点像古代的通关令牌？其实，它在传统医学里的作用就像是一道通行无阻的令牌，能“通”过各种障碍，带来健康。《本草纲目》赞誉，以其藤茎入药，为利水通淋的良药。在中医里，木通也因其“通淋”“通经”和“通乳”的功效而得名。

木通分布于中国长江流域各地区，常见生长在山麓谷地、林缘、灌丛、山坡疏林、水田和畦畔中。属落叶或半常绿木质缠绕藤本，掌状复叶互生，通常有 3 或 5 片小叶，边缘全缘或波状。花单性，雌雄同株同序，组成腋生的总状花序。肉质蓇葖果长圆状圆柱形，成熟时沿腹缝开裂，种子多数，卵形，略扁平。

现代医学研究表明，木通的藤茎含白桦脂醇、齐墩果酸等成分，具有消炎解毒、利尿除湿、镇痛及通经之效。木通也是人们常采来食用的野果，果实味甜，还可酿酒；种子可榨油。

Rubus hirsutus

甜蜜
你我童年
的山珍

15

蔷薇科悬钩子属　灌木
高可达 1 ~ 2m　花期 4 月
可食植物 / 药用 / 山坡路旁阴湿处

蓬蘽

你可能对蓬蘽（péng lěi）这个名字不熟悉，但如果你在南方乡村长大，应该吃过它。它就是果子俗称空心泡、糯米泡儿的植物，有的地方还叫泼盘、割田藨、野杜利、陵虆、阴虆等。

蓬蘽是蔷薇科悬钩子属的灌木。它的枝条被柔毛和腺毛覆盖，疏生皮刺；小叶卵形或宽卵形；单生花白色，顶生或腋生，花瓣倒卵形或近圆形；果实近球形；花果期 4 ~ 6 月。喜温暖湿润的环境，见于山坡路旁阴湿处或灌丛中。

蓬蘽与覆盆子、山莓很像，但区别也很明显。首先是叶片，覆盆子的羽状复叶呈椭圆形或卵形；蓬蘽也为复叶，小叶卵形或宽卵形，边缘有重锯齿；而山莓为单叶。其次是果，覆盆子和山莓都是实心的，而蓬蘽是空心的，所以蓬蘽也被叫作空心泡。

蓬蘽的历史非常悠久，在《神农本草经》中就有记载。其全株及根入药，能消炎解毒、清热镇惊、活血及祛风湿。它味甘、酸，性温，具有补肝肾、缩小便的功效。明代倪朱谟编撰的《本草汇言》记载，蓬蘽能滋补五脏，但食用过多会导致肝气升发太过而伤害身体，因此要谨慎用量。

Rubus corchorifolius

山莓

蔷薇科悬钩子属　灌木
高 1 ~ 3m　花期 5 ~ 7 月
可食植物 / 药用 / 向阳山坡 溪边 山谷 荒地

山莓是乡下孩子们争相寻味的美味野果。在《诗经·尔雅》中，它被称为木莓，为蔷薇科悬钩子属直立灌木，高 1 ~ 3 米；枝具皮刺，幼时被柔毛。单叶，卵形至卵状披针形。花单生或少数生于短枝上；花瓣长圆形或椭圆形，白色，顶端圆钝。果实由很多小核果组成，近球形或卵球形，红色，密被细柔毛；核具皱纹。

除了果实美味，山莓的根及叶均可入药，药性为平，味苦、涩；其根具有活血止血、调经、清热利湿等功效，主治崩漏、痔疮出血、痢疾等病症；其叶具有清热利咽、解毒敛疮的功效，主治咽喉肿痛、乳腺炎、湿疹等病症。

山莓普遍生长在向阳山坡、溪边、山谷、荒地和疏密灌丛中潮湿处。在中国，除黑龙江、吉林、辽宁、甘肃、青海、新疆、西藏外，其余各地均有分布。

Arctium lappa

牛气冲天

甚威猛

17

菊科牛蒡属　二年生草本
高1～2m　花期6～9月
可食植物 / 药用 / 广布

牛蒡

植物界的“牛人”——牛蒡，可不是浪得虚名。

从外形来说，这家伙的枝叶粗壮如牛，所以起这个名字。关于名字还有一种解释，说是因为它的根形似牛尾。不管怎么解释，反正它植株高大威猛是事实。根粗壮，黑褐色。叶子宽大厚实，绿得发亮，上面还长着柔软的茸毛。花是淡紫红色的管状花，排成伞房状或圆锥状。果子成熟的时候会长很多倒钩刺，粘在身上甩不掉。《本草纲目》因此称它为“恶实”，因为“其实状恶而多刺钩”。但其实倒刺是它的生存智慧，可以帮助其扩散传播。

牛蒡的“牛”，还体现在营养价值非常高，含各种人体所需的氨基酸，还有钙、磷、铁等多种矿物质及维生素，胡萝卜素含量比胡萝卜还高很多倍。难怪它出口日本后被疯狂追捧，不仅用它来做各种料理，还把它当成一种吉祥的象征。在日本料理中，牛蒡用来跟一切食材搭配，跟鱼和肉一起煮时，还能去除腥味。

不止如此，牛蒡的种子和根还能入药，有清热解毒的作用。现代医学发现，牛蒡根提取物对金黄色葡萄球菌等多种细菌有抑制作用，有助于人体抵抗细菌感染。因此，牛蒡被加工成了各种产品，如牛蒡茶、牛蒡胶囊等。

Decaisnea insignis

名字
重口味，
其实很甜香

18

猫儿屎

木通科猫儿屎属　灌木
高 2 ~ 5m　花期 4 ~ 6 月
可食植物 / 药用 观赏 / 山坡灌丛 林下

听名字很接地气对吧，这样通俗的名字竟是它的身份证名儿？不过当你看到它的果实，就会觉得，这个名字也太形象了吧，那果实的形状是圆柱状，还稍有弯曲，颜色是蓝紫色的，远远望去好像是猫儿拉的屎被挂到了枝条上。果实里面多浆，因此又叫它猫屎瓜。

猫儿屎主要分布在陕西、湖北、湖南、四川等地的山区。它身材高大，可长到 2 ~ 5 米。当蓝紫色的果实挂满了枝头还真是挺漂亮的。

猫儿屎的果实可以食用，剥开紫色外皮，可以看见透明的果肉里面有黑色种子，味道微酸，就是籽多吃起来比较麻烦，但其果肉中的营养很丰富，富含糖类、果胶、维生素等，具有一定的开发价值。种子有一定的含油量，可制工业用油。其根和果实都可供药用，有清热解毒的功效。

Rorippa indica

19

朱熹钟爱的酒后菜

蔊菜

十字花科蔊菜属　一年生或二年生草本
高 20 ~ 40cm　花期 4 ~ 6 月
可食植物 / 药用 / 南方广布

蔊（hàn）菜难道和电焊有什么关系？《本草纲目》给出了解释，因其“味辛辣，如火焊人”，故名蔊菜，又称野油菜、辣米菜等。

蔊菜是南方地区十分常见的一种野菜。叶形多变化，叶子呈椭圆形，边缘有不规则的波浪状，看起来像剪刀剪的。它的花黄灿灿的，这一点与油菜花相似。荚果为线状圆柱形，种子多且细小。茎有很多的纵沟，有时又备有很多紫色的斑点。

在我国，蔊菜的食用历史非常悠久。比如“考亭先生每饮后，则以蔊菜供”。考亭先生就是大名鼎鼎的朱熹。蔊菜不光嫩茎叶能吃，就连老了以后也很受欢迎。广东地区人们就爱吃老的蔊菜，蔊菜煮鲫鱼是当地一道名菜。秋冬季节，蔊菜长得已经比较粗壮了，还可以制作咸菜。

蔊菜也能入药，主要有清热解毒、活血等用途。

Acalypha australis

20

『海蚌含珠』的铁苋菜

大戟科铁苋菜属　一年生草本
高 20 ~ 50cm　花期 4 ~ 12 月
可食植物 / 药用 观赏 / 山坡 林下

铁苋菜

虽然也叫苋菜，却与苋菜没有什么关系，只是因为其茎叶赤紫似铁，茎虽纤细但像铁一样坚韧，再加上与苋菜小苗有点相近而得名。

铁苋菜在野外极为常见，常与禾本科的青草伴生。其叶腋处有一些心形的小叶片，而小叶片的基部颜色浅，通常会长着 3 枚连在一起的绿色小珠子。整个小叶片向上卷，像是裂开的贝壳。因此它还有“海蚌含珠”“蚌壳草”的俗名。

等到铁苋菜再长大一点，在小叶片中间那 3 枚“绿色小珠子”的地方，会向上长出一株花序，开出褐色的穗状花。其实那些小叶片是铁苋菜花序的苞片。这也是铁苋菜很可爱的地方，虽然花儿不怎么好看，但是这么一装饰，很引人注目。

铁苋菜相比其他野菜，它不含草酸，所含的蛋白质比牛奶更容易被人体吸收，而且胡萝卜素比茄果类高 2 倍以上，能提高人体免疫力，因此在民间被誉为“长寿菜”。全草可入药，具有清热解毒、利湿消积、收敛止血的功效，能增加血小板数量，它含有丰富的铁和维生素 K，可以促进凝血。

Aster scaber

靠解蛇毒出道的野菜

21

菊科紫菀属　一年生或二年生草本
高 30 ~ 150cm　花期 6 ~ 10 月
可食植物 / 药用 / 广布

东风菜

乘着春天的东风而生长的野菜，就是东风菜。它的身材高大而健硕，茎秆为直立状态，表皮粗糙，质地坚硬，看上去和灌木植物十分相似。

东风菜的叶片变化很大，幼苗期是卵圆形，成年后变成心脏形，色泽浓绿，质感柔软，用手摸上去，似乎有一种丝绸般的感觉。花朵也很漂亮，外形俏丽，色泽洁白，再加上那一簇淡黄色的蕊丝，更显得清纯秀雅，别有一番韵味。

东风菜还有很多俗称，比如在岭南一带，人们都叫它白云草，或者是杨树草。而到了河南，当地人都叫它大耳毛菜，或者是猪耳朵草。在云南，人们把东风菜当作一种药材，并且为其取名野三七。

根据《中药大辞典》的记载，东风菜根和全草味辛、甘，性寒，具有清热解毒、祛风止痛、行气活血等功效，主治毒蛇咬伤、风湿性关节炎、跌打损伤、咽喉肿痛等症。

东风菜的嫩茎叶可作蔬菜食用，其特点是鲜嫩、肥厚，营养丰富，含有多种人体必需的营养物质，比如像植物蛋白、胡萝卜素，有助于增强人体免疫力。东风菜还可以作食草动物的饲料。

Eruca vesicaria subsp. *sativa*

闻着臭，
吃着香

22

芝麻菜

十字花科芝麻菜属　一年生草本
高 20 ~ 90cm　花期 5 ~ 6 月
可食植物 / 药用 / 北方广布

芝麻菜跟苦苣菜类似。其茎秆直立，深绿色叶片边缘呈舒缓的锯齿状。花序多是疏松生长的花朵，花瓣黄色，后变白色，还有着紫色花纹。由于能散发出芝麻的香气，所以称其芝麻菜。

芝麻菜原产于地中海地区，在英国、爱尔兰等地会把它叫成 “rocket”，直译就是火箭的意思，中文有人称它为“火箭菜”或“火箭生菜”。现在中国的北方地区广泛分布。

不过在民间，很多人还叫它臭菜、香油罐、臭芥、东北臭菜，因为很多人很不喜欢它的味道。

即便如此，芝麻菜依旧在民间被当成极品野菜，尤其是在北方。

芝麻菜有止咳、利尿和健胃的功效，且对咳嗽有特效。经过处理，可以做成味道十分浓郁的芥末，作为调料用。

Adenocaulon himalaicum

山林中的『素斋美味』

23

菊科和尚菜属　一年生草本
高 30 ~ 80cm　花期 6 ~ 11 月
可食植物 / 药用 观赏 / 广布

和尚菜

和尚菜的名字源于其清淡可口的特性，与佛教素食文化不谋而合。在一些寺庙周围，常能看到人工栽培的和尚菜，成为僧人们日常饮食的重要组成部分。这种朴实无华的植物，以其清淡本真的特质，诠释着佛教文化中的简朴与自然。

和尚菜的外形并不出众，但辨识度高。其高 30 ~ 80 厘米，茎秆略带紫色。叶片阔大互生，卵形或椭圆形，边缘有锯齿，表面深绿色，背面略带紫色。果子成熟后像一串“小光头”，圆溜溜的瘦果顶端带一圈茸毛，风一吹就飘走，活像“自带降落伞的光头和尚”。最特别的是它的嫩茎叶，质地脆嫩，口感清爽，带着淡淡的清香，特别适合清炒或做汤，是名副其实的“素斋美味”。

在传统医学中，和尚菜全草可入药，具有清热解毒、凉血止血的功效。现代研究发现，它富含维生素 C、胡萝卜素和多种矿物质，具有抗氧化、抗炎、降血糖等作用。在民间，它常被用来治疗感冒发热、咽喉肿痛等症状。这种“山野良药”，正在成为健康饮食的新宠。

和尚菜是典型的林下植物，喜欢阴湿环境，常见于山坡林下、溪边草丛。它的生命力顽强，既能耐阴又能耐旱，在贫瘠的土壤中也能生长良好。这种适应能力，让它成为山区常见的野菜资源。

Corydalis raddeana var. *crispa*

百菜之主

24

冬葵

锦葵科锦葵属　一年或二年生草本
高 50 ~ 130cm　花期 5 ~ 9 月
可食植物 / 药用 观赏 / 广布

曾是古代餐桌上的明星，被尊称为“百菜之主”，但如今却似乎有些被遗忘，它就是冬葵。

冬葵可是中国土生土长的老居民，而且遍布大江南北，湖南、四川、甘肃、贵州，都能见到它的踪迹。“艺名”也多多，葵菜、冬寒菜、蕲菜，都是它。名字中都带“葵”字，也难怪，人家是锦葵科锦葵属家族的嘛！

古代人们根据蔬菜的重要性概括了“五菜”，包括“葵、韭、藿、薤、葱”，这里排在首位的葵就指冬葵，地位相当高。《诗经》中记载了 30 多种蔬菜，葵位列其中。西汉史游为教儿童识字所著《急就篇》中，把当时主要的蔬菜种类概括为“葵韭葱薤蓼苏姜，芸蒜荠芥茱萸香，老菁蘘荷冬日藏”，葵也是稳坐头把交椅。到元朝，大农学家王祯在《农书》中仍然称“葵为百菜之主”。只是后来随着白菜的走红，冬葵慢慢隐退江湖了。

古代几乎家家都会在院里种上一些“园葵”，我们随口就背出来的“青青园中葵”，说的应该就是葵菜。果实扁圆像“迷你小车轮”，成熟后裂成 10 瓣，种子黑乎乎像小纽扣，搓一搓黏糊糊的。其嫩叶嫩茎煮汤、熬粥像加了天然芡粉，口感黏滑。含钙比牛奶高，富含维生素 A。冬葵的根、花、种子都能入药，可清热解毒、通经下乳、润肠通便；叶子还长得秀丽多姿，种在院子里可当花观赏……所以它真是凭实力坐上的“头把交椅”。

Cirsium arvense var. *integrifolium*

25

野菜中的

带刺玫瑰

菊科蓟属　多年生草本
高 30 ~ 120cm　花期 5 ~ 9 月
可食植物 / 药用 观赏 饲草 / 广布

刺儿菜

刺儿菜，带刺儿的菜，可谓名副其实——刺儿是它的典型特征，它的叶片上长满了细密的针刺，让人一碰就扎手。它的嫩茎叶富含营养，是很好的野菜，可炒、可拌或做汤，很是美味。刺儿菜又名小蓟，是菊科蓟属丝路蓟的一个变种，多年生草本。“蓟”字的字形结构有坚硬、带刺的特点，跟蓟类植物的特征很吻合。

刺儿菜不挑环境，山坡、河旁、荒地、田间都是它的乐园，零下 30℃冻不死，40℃高温烤不蔫，干旱洪涝全免疫。它的茎直立挺拔，叶片形态多样，有椭圆形的，也有长椭圆形或椭圆状倒披针形的，叶缘长满细密的针刺。头状花序通常单生于茎端，小花紫红色或白色，色彩鲜艳，这在菊科植物中也是比较少见的。花果期 5 ~ 9 月，这是它们展示美的最佳时机。

《本草纲目》记载：小蓟（刺儿菜）功专止血，《救荒本草》认证为“五星级”野菜，饥荒年代救活无数人。刺儿菜还可以做饲草，幼嫩时期羊、猪都特别喜欢吃。根系能吸附重金属，可用于生态修复。

Bromus japonicus

麦田里的『伪装者』

26

禾本科雀麦属　一年生草本
高 40 ~ 90cm　花期 5 ~ 7 月
可食植物 / 药用 / 林缘 荒野

雀麦

《本草纲目》中记载：燕麦多为野生，因燕雀所食，故名雀麦、燕麦。又称爵麦、野麦、杜姥草、蒸麦。它茎秆直立，嫩苗期酷似麦苗，让人很难区分开来。

雀麦、节节麦、野燕麦，小麦田常见的 3 种尖叶杂草，农民朋友也习惯上称它们为“野麦子”。如何分辨？首先看叶片，雀麦的叶片表面有大量白色的茸毛，而节节麦叶片茸毛很少。雀麦的叶片相对比较窄（柔软），顺时针生长，幼苗时期的雀麦第一片真叶呈带状披针形，而野燕麦的叶片呈逆时针生长。

再看茎基部。其一，观察有没有茸毛，如果茸毛较多，就是雀麦；如果茸毛较少，就是节节麦；如果没有茸毛，就是野燕麦。其二，观察颜色，如果是红褐色，则为雀麦；如果是淡紫色，则为节节麦；如果是白色，则为野燕麦。

作为食用植物，雀麦具有悠久的历史，在古代就被人们采集和食用。麦粒可以蒸食或磨成面粉。它的脂肪含量高于大米和白面，居所有谷物之首。作为药用植物，它在民间被广泛应用于妇女产后乳汁不足的调理，在传统草药中也有着重要的地位。

Emilia sonchifolia

27

一点红

菊科一点红属　一年生草本
高 30 ~ 40cm　花期 6 ~ 10 月
可食植物 / 药用 / 山坡荒地 田埂路旁

一点红的植株不高，一般只有 40 厘米左右，不过一旦开花，你就很容易发现草丛中点点的红色，非常引人注目。

一点红叶子是多变的，幼时叶片心形，形状与羊蹄子非常相似，所以叫它羊蹄草，有的地方也叫羊蹄香。长大了慢慢变成长条形，因叶面绿色，叶背淡紫红色，又名叶下红、叶背红等。瘦果浅黄褐色，冠毛白色，极多，飞絮如蒲公英，故又称“小蒲公英”。

作为草药，它功效强大，能够清热解毒、活血散瘀，对缓解口腔溃疡的疼痛和炎症非常有效，是草药中的“高手”；而作为蔬菜，它营养价值也高。

02

药用植物

那些治愈时光的野生良医

《本草纲目》的现世回响

中国人与山野草木的缘分，早在五千年前就已结下。

相传上古时期，神农氏踏遍群山，嚼过苦涩的黄连，尝过辛辣的茱萸，最终在《神农本草经》里留下“药有酸咸甘苦辛五味，又有寒热温凉四气”的智慧。千年后，陶弘景在《本草经集注》中写下“一草一木，皆是天地馈赠”，道破了草木与人类健康的深刻联结。

山野之间藏着无数天然药箱，那些看似平凡的草木，或许曾在某个清晨救过樵夫的腹痛，又或是在某个雨夜止住农妇的血痕。李时珍曾说：“登山穿岭寻百草，草木中自有乾坤。”这份人与自然的默契，早已流淌在华夏文明的血液里。

草木的药用知识，是刻在中国人骨子里的生存智慧。张仲景在《伤寒论》中写道：“上以疗君亲之疾，下以救贫贱之厄。”这句话穿越千年依然振聋发聩——懂得分辨几株野草、知晓几味药性，关键时刻或许就能改写命运。

田间地头的野草，往往是触手可及的“急救箱”：车前草清热利尿，老农用它泡水治尿痛，和《本草纲目》记载的“通五淋”不谋而合；蒲公英捣碎外敷治烫伤，现代研究证实其含有的蒲公英醇确有消炎作用；艾草煮水泡脚缓解关节痛，李时珍曾赞其“灸百病”……

正如《齐民要术》所言，“山野草木，用之得法皆为良药”。这些知识不需要深奥理论，就像广东人懂得用五指毛桃煲汤祛湿，江浙人知道用鱼腥草凉拌降火，都是代代相传的生活智慧。

懂些草药知识，相当于为家庭健康装上“防护网”：山间艳丽的垂序商陆果实看似诱人，实则全株有毒。若不知“红果黑根毒如砒”的民谚，误食可能致命。贵州苗寨至今流传“三叶青退小儿热”的土方，比盲目使用抗生素更温和。北京中医药大学调野外被蛇虫咬伤时，七叶一枝花的根茎捣烂外敷可解毒，这种经验曾救过无数采药人的性命。

草木知识不仅是实用技能，更是文明火种。唐代诗人李白写下“草木尽欲言”，道出了人与自然的共鸣。

更深远的意义在于守护生态平衡。川西药农“采三留七”的祖训，与《本草纲目》中“取之有时”的告诫一脉相承。当人人懂得合理利用草木，野生石斛、川贝母等濒危药材才有机会恢复生机。

懂本草，本质上是对生命的敬畏。每一株草都承载着自然数万年的生存智慧。从神农尝百草的牺牲，到屠呦呦提取青蒿素的突破，这些绿色知识早已融入民族血脉——不仅是治病的药方，更是安身立命的底气。

所有的草本都有药用效果，本章只择取部分，旨在传达“本草”理念——那些困扰人类的病痛，其解药就藏在身边一草一木中。

益母草花

Sagina japonica

01

踩不死的『矮脚虎』小清新

石竹科漆姑草属　一年生草本
高 5 ~ 20cm　花期 4 ~ 5 月
/ 改良 / 河岸沙质地 荒地 草地

漆姑草

“趴地上装韭菜，和子乱滚占墙角，能做草坪能喂猪，涂个漆疮还特靠谱”。这是对漆姑草的贴切描述。

漆姑草这个名字来源于《本草纲目》，在《中国植物志》中确定为正式中文名。别名还有牛毛毡、地松、大龙叶、羊儿草等。

漆姑草，茎丛生，稍微倾斜散开，叶片呈线形，每到 5 月花期时，它的顶端就会突出一些米黄色的小花，在叶子的衬托下显得格外素雅。种子很小，呈肾形微扁状，密生瘤状突起。

漆姑草分布于中国中南地区，喜欢在海拔 1200~2900 米的河岸沙质地、撂荒地或者路旁的草地安家。全草可药用，4~5 月采集，洗净，鲜用或晒干用；其味苦，性凉，具有散结消肿、解毒止痒功效，常用于治疗跌打内伤、湿疹、漆疮、毒蛇咬伤等疾病，对治疗慢性鼻炎也有帮助。

漆姑草可作草坪草利用，它能够持续地贴近地面生长，与自然生长的苔藓植物非常相似，可以营造出宁静和谐的氛围。它的嫩叶还可作为猪的饲料。

Xanthium strumarium

刺头精 黏人的

02

苍耳

菊科苍耳属　一年生草本
高 20 ~ 90cm　花期 7 ~ 8 月
药用植物 / 入侵 / 广布

儿时在学校里，常有淘气的男生把一种“刺果”扔在女生的头上，当作吓唬女生的利器。这种周身长满刺形状好似老鼠耳朵的“刺果”就是苍耳。大诗人李白也曾与苍耳有过交集，作诗称自己是“不惜翠云裘，遂为苍耳欺”。

苍耳在民间它还有个别名叫“羊负来”。据西晋《博物志》记载：中原地区本无苍耳，有人赶着羊群由蜀地而来，苍耳的果实粘在羊毛上，被带进了中原，因此得名“羊负来”。

苍耳分布我国各地，属于常用中药，在清末《本草正义》中记载：苍耳子，温和疏达，流利关节，宣通脉络，其性味偏辛、温，具有散风寒、通鼻窍、祛风湿、止疼痛的功效，可以治疗风寒头痛、风湿痳痹、四肢拘挛、鼻渊、瘙痒等病症。但是要注意，苍耳是有毒性的，尤其是种子，因此不提倡患者自行煎药服用。

苍耳属包含本地种与入侵种。本地种毒性较低，与人类形成共生关系。如意大利苍耳、北美苍耳等入侵苍耳原产北美洲、欧洲，20 世纪通过贸易传入我国，被列为检疫性有害生物，具有较强生态破坏性。

现代科技让这个刺头小子焕发新生：苍耳油被制成生物柴油，果壳提取物化身天然杀虫剂，连那些恼人的倒钩都启发了仿生粘扣带的研发。

Pinellia ternata

名字里藏着季节，毒与药的双面人生

03

天南星科半夏属　多年生草本
高 10 ~ 30cm　花期 5 ~ 7 月
药用植物 / 草坡 林下

半夏

这个三片叶子的小草，就是有名的半夏。它是一年就只长三片叶子，顶多再开一朵佛焰包式的小花，所以非常好认。果实长得像羊眼，一般不用来入药，真正有用的还是它的地下块根，圆圆的、白白的。

半夏经常生长在农田边、草丛中、山坡上，在我国的绝大部分地区都有分布。《神农本草经》记载，半夏于夏至日前后生长旺盛，此时阳气升至最旺，阴气开始萌生，天地间不再有纯阳之气，夏天已过半，故得名半夏。

将生半夏放到鼻前嗅之，立刻就会闻到一股刺鼻的辛味，口嚼半夏，则麻辣刺口，所以半夏“味辛、苦”。它的药用价值很高，尤其是对于痰多咳嗽、风痰头晕具有很好的效果，是一味很好的止咳药。另外，有镇吐、抗溃疡、抗心律失常、抗凝作用，还有一定的抗肿瘤作用。

半夏有毒，临床上医生们对半夏的应用相当谨慎。在药店肯定是买不到生半夏的，买到的都是被反复泡和煮的半夏，根据炮制工艺分为清半夏、法半夏、姜半夏、竹沥半夏、仙半夏和生半夏曲六种，都可以化痰，但是它们的功效各有不同。比如，清半夏的辛温燥烈之性比较缓，长于燥湿化痰；法半夏温性较弱，适用于痰多咳嗽、风痰眩晕等。

Nephroia orbiculata

药界全能『老前辈』

04

木防己

防己科木防己属　木质藤本
花期 5 ~ 7 月
药用植物 / 观赏 / 疏林 灌丛

木防己是农村户外常见野生药材，有人称它为风湿藤、毒蛇克星，它的用途与价值主要在于地下根部。

木防己也是中药名。其攀爬性非常强，叶片形状变化大；花有萼片 6 个，排成 2 轮，花瓣 6 个，基部两侧内折成小耳状，浅黄色；核果成熟时红色或紫红色。

木防己南北各地均有分布。一般在山路旁或是山谷当中，我们能够发现野生的木防己呈大片生长，很普通，却很有价值。可做蛇药，常有人用它的根酿酒。

有些人把木防己误认为是千金藤，因为它们的茎叶长得非常相似，但是千金藤叶子光滑无毛。此外，木防己价值比千金藤还要高。具有清热解毒的功效，可用于治疗中暑、痢疾、热淋等症状。也可以调节肠胃功能，常用于治疗腹泻、消化不良、风湿病、关节炎，还能滋阴养生，缓解疲劳，调节免疫系统等。

木防己在热带地区可于庭院栽培，垂直绿化拱门、廊柱、山石和树干，也可作为地被植物使用。

Polygonatum sibiricum

自带仙气的老虎姜

05

天门冬科黄精属　多年生草本
高 30 ~ 120cm　花期 4 ~ 6 月
药用植物 / 疏林 灌丛

黄精

相传东汉时期，有个得了肺病的人，遁入深山三年，吃了一种开绿花、长黄根的植物，竟然身体康复，活蹦乱跳地出山了。神医华佗进山寻找这“神仙草”，就此发现了黄精。道家葛洪在《抱朴子》里说，这黄精是得了坤土之气，获天地之精，所以才叫这个名字。看来，黄精从诞生之日起，就自带“仙气”。

黄精的根茎圆柱形，节间膨大，节与节挨得很近，每一节都代表它的年岁，断面还有纤维状维管束环列，黄白色，看起来就像是一块块小黄金，也像姜，所以民间也称“老虎姜”。

黄精在古代是备受推崇的养生圣品，古籍里对黄精的记载可多了。《名医别录》说它能补中益气，除风湿，安五脏，久服还能轻身延年。《本草纲目》记载：黄精为服食要药，故《别录》列于草部之首，仙家以为芝草之类，以其得坤土之精粹，故谓之黄精。这不仅强调了黄精这味药的重要与珍贵，更明确了其名字的由来，人们认为黄精是土地的精粹，因而服用它的人可以获得来自大地的精气，以此延年益寿。杜甫就曾写过“扫除白发黄精在”，凸显黄精对人的补益作用，可使花白的头发重新变得乌黑亮丽。现代医学研究发现，黄精具有降压、降血糖、抗动脉粥样硬化等多种药理作用。

一句话总结，黄精是“土里长姜，地上挂铃”——阴凉地里存口粮，九蒸九晒变蜜糖，补肾润肺样样强，古人靠它度饥荒！

Stemona japonica

06

潜伏地下的『止咳明星』

百部

百部科百部属　多年生草本
高 30 ~ 100cm　花期 5 ~ 7 月
药用植物 / 山坡 林下

百部，可不是“百步”就能找到的！它原产于中国，在长江流域以南的山林里安家落户。《本草纲目》记载：“其根多者百十连属，如部伍然，故以名之。”意思是其根众多且相互连接，如同军队的编制行列，所以得名百部。

百部和它家族的“科长”和“属长”同名，即属百部科百部属，攀缘能力一流。平时就喜欢躲在阴凉潮湿的地方，只露出几片心形的叶子，害羞极了。深藏不露的是它地下的块根，长得像纺锤，黄褐色的外皮下藏着白色的“心”，这可是它入药的关键部位。

百部可是中医药界的“老前辈”！早在《神农本草经》里就有它的身影，被列为中品，说它能“主咳嗽上气”。后来的《本草纲目》更是对它赞不绝口，说它“润肺止咳，杀虫灭虱”。它的块根里含有百部碱，能抑制咳嗽中枢，对各种咳嗽都有效果，特别是久咳不止的情况。除了止咳，它还能杀虫灭虱，古代人还用它的汁液来治疗头虱和疥疮呢！

Lophatherum gracile

草界

『淡人』

07

禾本科淡竹叶属　多年生草本
高 40 ~ 80cm　花期 6 ~ 10 月
药用植物 / 山坡 林缘

淡竹叶

近来流行一个网络热词——“淡人”，指那些对生活、工作、社交等方面都持一种淡淡的态度，情绪波动不大，追求内心平和和满足，只想平平淡淡生活的人。植物界也有这样的例子，比如淡竹叶。在农村长大的朋友们应该都见过它，在民间也多叫它碎骨子、迷身草、竹叶卷心。它的叶子长得很像竹叶，个头不高，丛生，一长就是一大片。根茎很像麦冬，上面长满了一粒粒纺锤状的东西。过去用它喂鸡，所以淡竹叶也叫山鸡米、金鸡米等。

淡竹叶具有良好的药用价值，味道甘淡，具有清心、利尿、祛烦躁的功效。对于牙龈肿痛、口腔炎等疾病有良好的疗效，民间常将淡竹叶的茎叶制作成夏日消暑的凉茶来饮用。过去在南方人们就常会采挖淡竹叶的根茎来煮粥、煲汤喝，都是对健康有益的。

淡竹叶还是制作甜酒曲的原料之一。用它制作的酒曲酿制的酒，好喝而不会上头。淡竹叶还是一种优质的牧草。而近些年，淡竹叶还多了另外一个价值——景观价值。它四季常青，长得很像低矮版的竹子，也很容易活，耐贫瘠又耐干旱，基本上没有什么病虫害。

淡竹叶喜温暖湿润气候，喜欢生长在山坡、林地、林缘和道旁的遮阴处。

Nekemias cantoniensis

不要把我当葡萄

08

广东蛇葡萄

葡萄科牛果藤属　木质藤本
花期 4 ～ 7 月
药用植物 / 山坡 林缘

听名字就知道，这种植物常生活在广东的山野间。掌状的复叶，像一只张开的手掌，小叶 3 ～ 5 片，边缘有锯齿，叶片表面光滑，背面略带茸毛。果实成熟时呈蓝紫色或紫黑色，晶莹剔透，像迷你版的葡萄，但千万别被它迷惑——它可是有毒的！

名字里带“葡萄”，但它和真正的葡萄并不是近亲，只是同属于葡萄科而已，又名牛果藤。它的“亲戚圈”有不少“明星成员”，比如白蔹：叶片银白色，根茎是著名的中药材；乌蔹莓：果实紫黑色，常用于治疗跌打损伤；三裂蛇葡萄：叶片三裂，形态独特，是园艺界的“新宠”。

广东蛇葡萄的根和茎皮在民间也被用作草药，常用于治疗风湿痹痛、跌打损伤等。

作为藤本植物，广东蛇葡萄能为小型动物提供栖息地，同时它的果实虽然对人类有毒，却是某些鸟类的美食。

Veronica anagallis-aquatica

09

北方水河边的『仙桃草』

车前科婆婆纳属　多年生草本
高 10 ～ 100cm　花期 4 ～ 9 月
药用植物 / 改良 / 水边 沼地

北水苦荬

夏熟作物田和蔬菜地常见北水苦荬，也被称为水苦荬或北苦荬。从名字就能看出，它和水苦荬相比，更喜欢北方。所以在中国分布于长江以北及西南等地，常见于水边及沼地，西南地区可在海拔达 4000 米的地方生长。

北水苦荬通常全体没有毛，极少在花序轴、花梗、花萼和蒴果上有几根腺毛，所有叶片上都有密布的油腺点，根系非常发达。根茎倾斜，茎是直立的，一般不分枝，高度可以达到 100 厘米。叶子上没有柄，上半部分的叶子半抱着茎，花序比叶子长，花比较多，浅蓝色或白色，花梗和苞片差不多一样长。蒴果圆形。花期 4 ～ 9 月。

北水苦荬对农作物的危害程度不重，稻麦（稻油）连作田可以采用稻鸭共作生态控草措施。它的果常因昆虫寄生而异常肿胀，形成虫瘿，具有止血、止痛、活血消肿、清热利水、降血压等功效。北水苦荬嫩苗可以作为蔬菜食用。它还具有一定的净化污水能力，可以用于生活污水的净化。它的提取物还可以研制成牙膏，有一定的经济价值。

Polygala sibirica

安神又
益智，
盐碱也不怕

10

西伯利亚远志

远志科远志属　多年生草本
高 10 ~ 30cm　花期 4 ~ 8 月
药用植物 / 广布

顾名思义，西伯利亚远志主要分布在俄罗斯西伯利亚地区，在我国分布于东北、华北及西南等地。喜欢生长在海拔 30 ~ 5100 米的路边、湖边、河滩、山谷湿地和沙质盐碱地。

与远志相比，它的叶片要厚实一些，像亚革质一样，手感颇佳。而且，它的叶子形状多变，下部叶小卵形，上部叶则披针形或椭圆状披针形。花开之时，两枚长长的内萼像蝴蝶张开的翅膀，与花朵一起吸引昆虫。蓝绿色的花瓣下部合生，两侧的花瓣呈倒卵状或匙状，中央有一花瓣较大，呈囊状，有蓝紫色“流苏”，非常独特，花果期 4 ~ 8 月。

西伯利亚蓼进入青藏高原后，其形态发生变异，例如植株变得矮小、叶片变窄、花序变小等，这明显是该物种适应高原自然环境的结果。

早在《神农本草经》中，远志便已经被视为“上品”安神良药。明代的中医大家李时珍在介绍远志时说，此物“益智强志，故有远志之名”，服之更是有“益智慧、宁心神、利九窍”等良效。除了西伯利亚远志以外，全世界范围内还有其他国家和地区的远志属植物，它们的根部化学成分基本相同，可以代替远志入药。

Gueldenstaedtia verna

11

充饥救荒的预备军

米口袋

豆科米口袋属　多年生草本
高 20 ~ 50cm　花期 5 月
/ 可食 / 山坡 草地

在农村有句俗语：“米布袋，面布袋，过了麦，换过来”，讲的就是我国南北方农村都常见的米口袋。意思是在麦收前米口袋的果实还只是棉絮状，到了麦收之后，就变成了小米粒了。民间也称它响响米、米布袋、甜地丁等。

米口袋主要分布于我国东北、华北、陕西、甘肃以及山东等地。其果实和嫩茎叶都是救荒口粮。在《救荒本草》中不仅对其有精确描述：“米布袋生田野中，苗塌地生。叶似泽漆叶而窄，其叶顺茎排生。梢头攒结三四角，中有子，如黍粒大，微扁。味甜。”还谈及了救饥方法：“角取子，水淘洗净，下锅煮食。其嫩苗叶煠熟，油盐调食亦可。”在《中国植物志》中，共记载了十余种米口袋属植物。

米口袋全草皆可入药，具有清热解毒、散瘀消肿之功效。药效最早记载于《千金方》治痈疮肿毒方中，后历代医书多有收载，但常常和紫花地丁相互混杂使用。直到《救荒本草》《植物名实图考》中考证，确定其为米口袋属植物。自 1985 年起，为避免与紫花地丁混淆，米口袋以甜地丁之名收载于《中国药典》。它的根经过炮制烘干之后的“口袋根”在中药市场上的价格很高，因此就被农民亲切地称为“钱口袋”。使用米口袋泡水喝，可以治疗咽炎、口舌生疮、咳嗽等疾病。

Trollius chinensis

全能的高山传奇

12

毛茛科金莲花属　多年生草本
高 30 ~ 70cm　花期 6 ~ 7 月
药用植物 / 可食 观赏 / 山地草坡或疏林下

金莲花

毛茛科的金莲花是高山草甸的精灵，明媚的橙色花朵自带金色光环，每年夏日成片开放，常常漫卷高山草甸，每一朵都在熠熠生辉。金莲花非常耐寒，于是从新疆的那拉提空中草原，到内蒙古锡林郭勒的金莲川、河北的塞罕坝，再到东北大兴安岭的疏林，你都能看到大量野生金莲花。

再把眼光放高远一些，它们还遍布在西伯利亚南部到俄罗斯远东南部。难怪在英文中，人们把它叫作 Chinese globeflower。其实 globe 意指花朵的球形，属名 Trollius 来自德语单词 troll，意思是“圆形”，也是指花的形状。

迷人的金莲花，花如其名，花朵好似微缩版本的橙色莲花，在我国基本还处于野花野草的行列，不过自 16 世纪以来，这些可爱的花朵已经开始种植在欧洲的花园里，并出现很多人工杂交种。现代的园艺金莲花大多是欧洲金莲花、阿尔泰金莲花等的杂交后代，有着出色的花园表现。其园艺栽培种‘Golden Queen’还曾经因为花朵大、颜色鲜艳而获得英国皇家园艺协会“花园优异奖”。

我国人们更熟悉它在中药中的位置。金莲花晒干后可以成为清热解毒的中药材，比如金莲花口服液是常见的中成药，用于上呼吸道感染、咽炎、扁桃体炎等。此外，它的干花也可作为花茶饮用，被誉为“塞外龙井”。

Phytolacca acinosa

消肿
我在行，
谦逊不嚣张

13

商陆

商陆科商陆属 · 多年生草本
高 1 ~ 1.5m　花期 5 ~ 8 月
药用植物 / 可食 观赏 织染 / 沟谷 山坡 林下

商陆最早出现在《神农本草经》中，其根部形状肥大，酷似萝卜，所以又被称为山萝卜、野萝卜，还有见肿消、倒水莲、金七娘等。在我国各地都有分布，常见于路旁、山沟等地。

商陆的块茎肥大而粗壮，肉质细腻，呈淡黄色的外皮。茎直立多分枝，茎秆呈绿色或紫红色。叶子呈椭圆形，互生排列，叶片形似牛舌，长而厚实。总状花序顶生或侧生，花通常为白色或淡红色。果实 8 ~ 10 月成熟，形状扁球状，青绿色，成熟后变为紫黑色。

商陆可分为本土商陆和垂序商陆（美洲商陆）两种，其中垂序商陆是外来物种，属于有毒植物，而本土商陆则是微毒或无毒的。另外，垂序商陆的茎秆呈红色，花序下垂，而本土商陆则呈青绿色，花序立起来。

商陆的果实在成熟后呈紫黑色，像野葡萄一样成串结在一起。当我们用手将果实碾碎时，里面会流出红色的液体，类似火龙果的颜色，可以用它来染色，是一种纯天然的植物色素。

商陆的药用部分主要是它的根茎，具有通二便、泻水、散结的功效。本土商陆是无毒的，因此可以内服。而垂序商陆则含有毒性，只能外用。

Lysimachia fortunei

小星星
下凡了

14

星宿菜

报春花科珍珠菜属　多年生草本
高 30 ~ 70cm　花期 6 ~ 8 月
药用植物 / 改良 可食 / 水湿地

名字听起来就像是古代天文学家用来观测星象的神秘植物，究竟是不是这样现在不可考，但它总状花序上面小小的花朵，盛开的时候确实如天空中的点点繁星降落人间，非常烂漫。星宿菜又被称为红脚兰、大田基黄、散血草和红根草等，农村里还叫它活血草。它一般生长于南粤地区的小溪、水沟旁等。土质比较湿润的地方。

星宿菜根喜欢横着走且呈紫红色，而它的茎却直立生长。叶子对生，长圆状披针形，两面均有黑色腺点，干后呈粒状突起。总状花序顶生，苞片披针形，小花白色。

星宿菜全草入药，它是民间常用的草药，味苦、涩，性平，其提取物具有抗炎及镇痛作用，因此内服有一定的清热利湿效果，外用有一定的活血散瘀功效。

星宿菜含有大量的铁、钙、钾、蛋白质和维生素，具有极高营养价值，可以当作野菜食用。

在农村还有一种说法，星宿菜是同毒蛇相克的植物，对蛇虫咬伤有一定的辅助治疗作用。星宿菜有利于土壤的保水和养分的平衡，还能吸收重金属离子等，起到净化土壤和环境的作用。

Leonurus japonicus

15

女性贴心「小棉袄」

唇形科益母草属　一年生或二年生草本
高 50 ~ 120cm　花期 6 ~ 9 月
药用植物 / 广布

益母草

益母草，听名字就是对妈妈非常有益的草本植物。它确实物如其名，因为它可以活血调经，能治疗月经不调、痛经经闭等妇科疾病，被广泛用于各种药方及中成药中。在一些地方，女性在生产前后都会服用益母草制成的汤药，以此来调理身体，恢复元气。

益母草在中国古代文学中早有记载。《诗经》中的“中谷有蓷”，“蓷”即指益母草。而在《本草纲目》中，李时珍提到益母草“明目益精，久服令人有子”。《神农本草经》将其列为上品，始称茺蔚，又名益明、大札。更有传说称，女皇武则天因使用益母草而容颜不老，其美容秘方被称为神仙玉女粉或天后炼益母草泽面方。

益母草生于山野荒地、田埂、草地、溪边等处，全国均有分布。花朵唇形，颜色淡红或紫红，茎方形，单一或分枝。其嫩茎叶含有蛋白质、碳水化合物等多种营养成分，是一种营养价值丰富的植物。夏季花未全开时采收，晒干用。除了治疗妇科疾病，还具有活血调经、利尿消肿、清热解毒之功效。

Lindernia crustacea

16 湿地的温柔守护者

母草

母草科母草属　一年生草本
高 10 ~ 25cm 花期全年
药用植物 / 改良 蜜源 / 热带和亚热带广布

在潮湿的田野、河滩，或是乡间小路旁，你或许曾见过这样一种植物：它身材娇小，花朵淡雅，却有着顽强的生命力。它就是母草。

母草茎细弱，四棱形，多分枝，常呈匍匐状生长；其叶呈卵形，每对叶子的基部都会长出一朵唇形的花朵，花色多为淡紫色或白色，花期很长。分枝繁多，所以又称其为铺地莲。蒴果长椭圆形，内含多数细小种子。

母草的名字中带有一个“母”字，让人联想到温柔、包容等特质。事实上，母草也确实像一位温柔的母亲，为许多小动物提供食物和庇护。它花朵虽小，但蜜腺发达，能吸引蜜蜂、蝴蝶等昆虫前来采蜜。根系发达，能有效固着土壤，防止水土流失，是湿地生态系统中重要的“守护者”。然而，母草的“温柔”并非软弱。它生命力顽强，耐涝耐贫瘠，即使在恶劣的环境中也能顽强生长，展现出“坚强”的一面。

母草也有着非常高的药用价值，全草可入药，具有清热解毒、利尿消肿的功效，常用于治疗感冒发热、咽喉肿痛、痢疾等疾病。

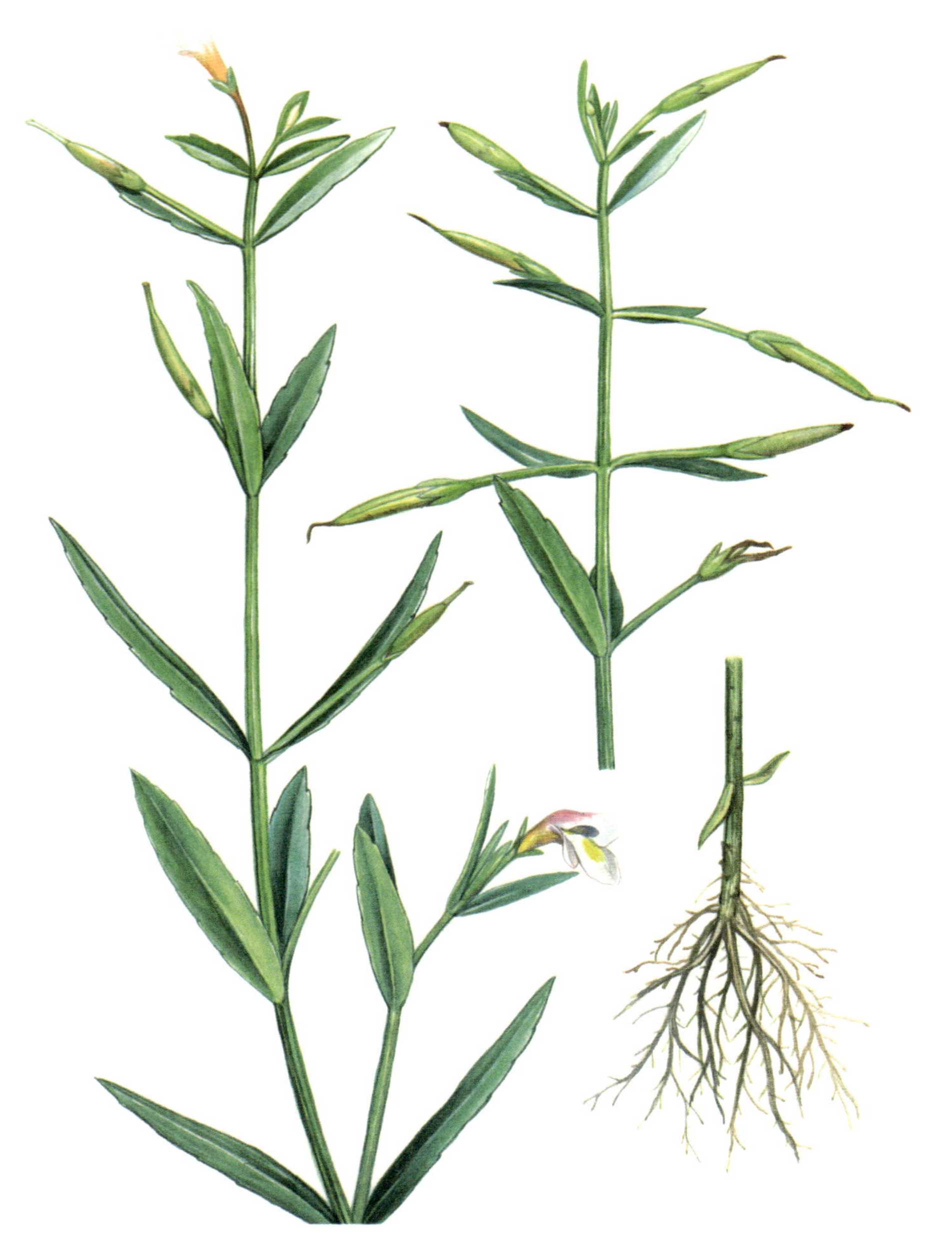

Lindernia micrantha

我也是草根英雄

17

母草科母草属　一年生草本
高 20 ~ 50cm　花期 5 ~ 10 月
药用植物 / 观赏 / 水田河流旁等低湿处

狭叶母草

狭叶母草是一种秋熟旱作田的杂草，也被称为窄叶母草、羊角草、羊角桃、田素香、田香蕉、蛇舌草等，多生于低湿处。

狭叶母草的茎下部弯曲上升，长达 40cm 以上，根须状而多，茎枝有条纹而无毛。叶对生，几乎没有叶柄，叶片条状披针形至披针形或线形，两面无毛。花紫色、蓝紫色或白色。蒴果条形；种子矩圆形，浅褐色，有蜂窝状孔纹。

狭叶母草有休眠期，在冬季低温的时候解除休眠，开始萌发。花果期为 5 ~ 11 月。全草可入药，中药名为羊角桃，夏、秋季采收，鲜用或切段晒干，具有清热解毒、化瘀消肿的功效，主治急性胃肠炎、痢疾、肝炎、咽炎，外用治跌打损伤。

Lindernia nummularifolia

18

母草科母草属　一年生草本
高 5 ~ 15cm　花期 7 ~ 9 月
外来植物 / 入侵 / 田边 沟旁

宽叶母草

宽叶母草别名圆叶母草、小地扭、五角苓、飞疗药等。植株矮小，茎匍匐且多分枝。下部节上生根，扎入土地，如此蔓延开去。一朵朵小花在它的一众姐妹里不算小了，即使距离稍远，也可以清晰看见花朵的开放。当然蓝色的斑块也很醒目，在白色基调的花冠管上，像是迷彩，或者是奶牛身上的斑纹。在花冠管的内侧，下方的雄蕊有着母草类群标志性的伸出花冠管的棒状附属物，像是螃蟹的眼珠。而雄蕊花丝的下半部分则从深蓝紫色突然转变为鲜黄色，呈现出强烈的对比。

宽叶母草叶对生，宽和长接近相等，具多条基生脉，叶缘锯齿整齐很好辨认。果实稍有一点短粗。很短的腺毛在花果期的萼片、花冠和植株上都能看到，这个特征倒是容易被忽略。

有说宽叶母草产于美洲，也有说东非以及马达加斯加才是它的产地，说法不一。它喜欢生长在海拔 1800 米以下的田边、沟旁等湿润的地方。

现在的它们在中国南方已经呈现出归化的趋势。在温暖湿润的草坪上很容易见到它的身影。而细小母草种子也很容易随着草坪的生产、运输和使用而传播开来。

宽叶母草以全草入药，草性平、凉，味苦，具有清热解毒、凉血消肿等功效。

Dianthus superbus

19 瞿麦不是麦

石竹科石竹属　多年生草本
高 30 ~ 50cm　花期 5 ~ 6 月
药用植物 / 可食 / 林下草甸 山坡 海边

瞿麦

很多朋友在踏青的时候一定见过瞿麦，因为它开的花很有特色，呈倒卵形，有 5 瓣，边缘处呈丝状，看起来就如羽毛一般，颜色通常都是红色或者紫色，十分显眼。

瞿麦这个名字很容易让人误以为它是禾本科植物，其实它是石竹科的，跟小麦、大麦完全沾不上边，只因它的种子和小麦很像，故而得名瞿麦，在民间也有着野麦、巨麦的俗称。

瞿麦主要分布于我国北方地区，多生长于海拔 400 ~ 3700 米丘陵山地疏林下、林缘、草甸、沟谷溪边。

石竹科的植物大部分都是不可食用的，但瞿麦是个例外。在春季刚长出来时，它的嫩茎叶就可以采摘来作为野菜食用，其味道有点苦，但焯水之后则会变得味甜。但味道和荠菜、香椿等野菜差得比较远，因而如今很少会有人把它作为野菜买吃了。

瞿麦一直以来就是我国民间传统的药用植物之一，它全草均可入药，有着清热利尿、活血通经、杀虫的作用。在农村，瞿麦是很多老一辈人常用的一种杀虫药，可治小儿蛔虫。

此外，由于它花形和花色特别，且易种植，在近十几年被开发成了观赏植物，在城市公园里十分常见。

Lomatogonium carinthiacum

20

高原上的 蓝宝石美人

龙胆科肋柱花属　一年生草本
高 10 ～ 30cm　花期 8 ～ 10 月
[illegible] / 可食　改良 / 高原 草甸

肋柱花

肋柱花老家在青藏高原、喜马拉雅山脉及中亚高寒地带，很抗冻，海拔 2500 ～ 5000 米的草甸、流石滩常能见到它。

8 ～ 9 月的花期，成片的蓝紫色花海与雪山同框，摄影师扛着长枪短炮只为拍“冰山一笑”。5 片花瓣展开成小风车状，底色白中透蓝，花瓣上还带着深蓝色脉纹，像用极细的钢笔勾了线。花心一簇亮黄色雄蕊，仿佛给这朵“高冷之花”点了盏暖光灯！对生的卵形叶片却很小，表面蜡质层可反射高原紫外线。

《晶珠本草》里记载其全草能清热退烧、利胆解毒。藏民叫它“邦见嘎保”（白色小花战神），专治高原感冒和肝胆不服。牧民还会把它晒干塞进枕头里，据说闻着能防高反。现代医学表明，它体内含龙胆苦苷、獐牙菜苷等成分，煮水喝专治头痛发热。

除此之外，它根系发达，能固沙护土，在流石滩上硬生生造出迷你绿洲，给雪雀、鼠兔当食堂兼避难所。

Osbeckia chinensis

21

能结杯子的金锦香

野牡丹科金锦香属　一年生草本
高达 60cm　花期 7 ~ 9 月
药用植物 / 观赏 / 河岸两旁

金锦香

金锦香主要分布于我国长江以南地区。其花大色艳，花姿优美，具有很高的观赏性。而它那紫红色的果实更有意思，既像一个个小杯子，又像开口向上的罐子，还有些像香炉，因此，它又别名杯子草、小背笼、朝天罐子、金香炉、天香炉等。除了可以通过其颇具特色的果实来认识金锦香，还有一些特点有助于认识它：叶是对生的，披针形，纤细而有韧性；茎是四棱形的，上面有紧贴的粗毛；花朵淡紫色，有花瓣 4 枚。

金锦香是一味常见的中药材，在很多医书，如《贵阳民间草药》《中华本草》《新华本草纲要》中等都有记载。晾晒好的干燥的根或果枝入药，具有清热利湿、消肿解毒、止咳化痰的功效，用于急性细菌性痢疾、肠炎、咽喉肿痛、小儿支气管哮喘等症的治疗。

Persicaria chinensis

22 我的果黑得像炭

蓼科蓼属　多年生草本
高 70 ~ 100cm　花期 7 ~ 9 月
药用植物 / 可食 / 山谷湿地 山坡草地

火炭母

在华南地区农村的田间地头、山谷湿地，经常可见一种叶片上有“V”字形花纹的野草，开花时白色的花一粒一粒的，像米饭粒，当地人叫它白饭草，又因为它时常攀缘状生长，也有人叫它当饭藤。当地的小孩还会找到它的果子吃，黑色三棱形的果实，外面包裹有一层白色透明的东西，酸酸甜甜的。种子很像黑色的炭块，因此得名。有经验的老人把这种野草当宝贝，或鲜用，或晒干留用，治疗一些常见小毛病很是灵验。在广东凉茶里也常用到火炭母。

关于这种草的最早记载是在北宋苏颂《图经本草》中。种加词 Chinensis，说明原产于中国。华南、华东、陕西南部、甘肃南部、华中、西南等地都有分布。

作为一味中药材，火炭母有清热利湿、凉血解毒、平肝明目、活血舒筋的功效。《普济方》中记载，皮肤风热、痈肿疼痛，可将火炭母草叶捣烂，以盐酒炒，敷肿处。《岭南采药录》中称其“治小儿身热惊搐，臌胀”。

在炎热的季节，广东人还用它来煲汤，例如，火炭母鸡骨草煲猪横脷，就用到新鲜火炭母，该汤有良好的清热利湿、疏肝解毒的作用。

Drynaria roosii

能攀岩的骨科大夫

23

槲蕨

水龙骨科槲蕨属　附生植物
高 20 ~ 50cm
药用植物 / 南方广布

在潮湿的森林里，如果你抬头望向树干或低头观察岩石缝隙，可能会发现一种叶片形似龟甲、根茎如鳞片覆盖的植物，它就是槲蕨，一个能“飞檐走壁”的“骨科大夫”。

槲蕨广泛分布于中国南方及东南亚地区，常附生于海拔 100 ~ 1800 米的树干或岩石上，偶尔还会在墙缝里“安家”。根茎粗壮如“龙脊”，表面密布棕褐色鳞片。叶片分为两种类型：基部的“不育叶”如盾牌，负责收集落叶转化为养分；上部的“能育叶”高大挺拔，深裂成羽状，背面布满孢子囊群，像撒了一层芝麻粒。

槲蕨的别名为骨碎补，因为古人发现它的根茎能治疗骨折。而其属名 Drynaria 源于希腊语 drys（橡树），因其叶片形似橡树叶；种加词 roosii 则是为了纪念植物学家罗斯。除了用于跌打损伤，槲蕨还可散瘀止血，治疗肾虚耳鸣等。民间更是流传着用它外敷治骨折、内服止牙痛的偏方。现代医学研究发现，槲蕨的根茎含黄酮类、酚酸类成分，能促进骨骼愈合，还可抗炎镇痛。

凭借奇特的形态和耐阴特性，槲蕨现在还成了园艺界的“网红”。作为附生植物，槲蕨不与其他植物争夺土壤资源，还能为昆虫和小动物提供微栖息地。

槲蕨科家族中还有一位“兄弟”团叶槲蕨（*Drynaria bonii*），叶片更圆润，主攻散瘀止血，但分布范围较窄，仅在云南、广西等地可见。而名字相似的狼尾蕨，其实属于不同科属，千万别认错哦！

Pyrrosia lingua

24

低调的利尿能手

水龙骨科石韦属　附生植物
高 20 ～ 30cm
[illegible] / 长江以南各地

石韦

石韦一般附生在林下树干上或是岩石上，是一种比较古老的中药材，在很多古籍中能见到对它的描述，例如《名医别录》上就有记载：处处有之。出建平者，叶长大而浓。此物丛生石旁阴处，亦不作蔓。二月采叶，阴干。在我国分布较广，长江以南各地以及甘肃、西藏等地都能见到它的身影。

石韦多年生，叶柔韧如皮。在不同的医药典籍中，它有不同的名字，如石樜、石皮、石苇、石兰、石剑等。石韦性味甘、苦，微寒，入肺、膀胱经，有利水通淋、清肺泄热止咳喘等作用。可清湿热、利尿通淋，治刀伤、烫伤、脱力虚损等。

Corydalis decumbens

挖地三尺
得金丹

25

罂粟科紫堇属　落叶灌木
高 1 ~ 3m　花期 4 ~ 5 月
药用植物 / 山坡荒野 路旁

夏天无

农村无闲草，用好都是宝，今天的主角夏天无就是这个宝。名字其实也很好理解，是说这种植物在夏天的时候就没有了，和我们常见的夏枯草一样，夏后尽枯，经冬不死，至春又生。别名在《中国高等植物图鉴》中记载为伏生紫堇，在江西等地还叫落水株、夏无踪等。

夏天无的茎直立，有分枝，叶片深裂。春天开白色或紫色的小花，外形看起来有点像要起飞的小鸟。地下部分有球形的块茎，大概在 4 月初陷入休眠，来年即可在它的地下块茎上重新发芽长出来。

夏天无主要分布在东南亚，在我国主要分布于中南及江南，其中以江西龙虎山产的质量最好。通常生长在海拔 300 米左右的山坡荒野、路旁。

夏天无在中医里也叫一粒金丹。俗话说“挖地三尺得金丹，名药一粒世人寻”，这里的金丹指的就是夏天无的块茎。其味苦、微辛，性凉，每年初夏，待夏天无的茎叶变黄时采挖球形块茎，拿回去之后洗净去掉多余的根须，鲜用或晒干之后备用，对活血通络、行气止痛有很好的作用。如果有腰肌劳损，可以采挖些夏天无来煮水喝。

Smilax china

26

菝葜

菝葜科菝葜属　多年生藤本
花期 2 ~ 5 月
药用植物 / 林下灌丛 山坡路旁

菝葜（bā qiā），这个名儿听起来是不是有点像武侠小说中的名字，其实它是一种非常接地气的植物——金刚藤，这小名儿比身份证名儿听起来更“硬汉”。

菝葜是典型的多年生藤本，茎秆较粗，嫩白色，呈圆柱形，表面还带着点小刺，这是它的“盔甲”，让人不敢轻易靠近。不过别担心，这些小刺并不尖锐，只是它的“专属标识”罢了。叶子则像一片片翠绿色的翡翠，椭圆形，表面光滑无毛，叶柄修长。整个植株看起来生机勃勃，充满了活力。

菝葜在中国植物界可是“老资格”了。早在《名医别录》中就有它的身影，被描述为生于山野的植物，二月、八月采根，晒干后入药。而《本草纲目》更是详细记载了它的药用价值，说它能清热解毒、除湿、利关节，主治风湿性关节炎、消化不良、腹泻等病症。南宋郑樵的《通志》提到“其叶颇近王瓜，故名王瓜草”。这让菝葜以“王瓜草”之名留下了印记。

菝葜是中国的原住民，除了北方少数地区，在中国大部分地方都有分布。它喜欢生长在林下、灌丛中及路旁和山坡上，适应能力极强。

菝葜的根部可以用来煲汤和泡酒，具有一定的滋补作用。而它的春芽更是美味无比，富含多种维生素、矿物质和膳食纤维等营养成分。

Maesa japonica

别名有点多，只因功夫高

27

报春花科杜茎山属　灌木
高 1 ~ 5m　花期 1 ~ 3 月
药用植物 / 可食 / 灌丛 林下

杜茎山

“嘿，这位山兄弟，你为啥姓杜？”“兄弟，我也不知道，名儿是你们的祖先起的，可能我跟其他杜姓的植物有些相似之处吧。不过茎山的意思我知道，因为我的茎干粗壮，像小山般立挺。”

杜茎山的名称来源于北宋《图经本草》。在江西叫金砂根，在广东叫白茅茶，在海南、云南叫白花茶，在广西叫野胡椒，在台湾叫山桂花，在浙江叫水光钟等。《本草纲目》里说它“生山谷，叶似茶叶而厚，茎有刺，花白色，子黑色如豆大”，很好地描述出它的特征。

别名多，也是因为本事高。杜茎山的根或茎叶可以入药，味苦性寒，全年均可采，洗净切段晒干或鲜用，主要具有清热解毒、止血和消肿的作用。可改善口腔溃疡和口舌生疮，咽喉肿痛和声音嘶哑。茎、叶外敷可以治疗跌打损伤、止血。根与白糖煎服可以治疗皮肤风毒。此外，它萌发性强，耐修剪，适应性强，是优良的阴生地被植物，可以作为园林绿化植物栽培利用。

在我国，杜茎山主要分布于西南和华南地区，通常生长在海拔 2000 米以下的山坡、石灰岩山地杂木林下、路旁灌丛中，向阳地方多一些。

Tetrastigma hemsleyanum

这只『石老鼠』很全能

28

三叶崖爬藤

葡萄科崖爬藤属　草质藤本
花期 4 ~ 6 月
药用植物 / 观赏 / 山坡灌丛 溪边林下

这种被称为“植物抗生素”的植物，虽然一枝三叶，但是却能爬上高高的悬崖，人们根据它三片叶子和能爬上悬崖的特点，称它为三叶爬崖藤。因为它可以沿着各种植物或石头的缝隙向上生长，有的地方称它为“石老鼠”。又因为细细长长的茎攀附在植物上，根长得像葫芦，有的地方称它为“金线吊葫芦”。不同地方对它有不同的称呼，但是最常听到的名字还是“三叶青”。

花白色，很小，并不起眼，也许只有山里的蜜蜂会注意到它的存在，毕竟它有药用价值，而蜜蜂是比较喜欢采集有药用价值的花粉。它果实也不大，未成熟前是青色的，成熟以后红红的，虽然比较小，但也特别漂亮，很适合盆栽。

药用价值很高，整棵植株都可以入药，不过它的果实和地下的块根效果更佳。性味微苦，可以清热解毒、活血化瘀。对治疗跌打损伤、扁桃体炎、毒虫蛇咬和淋巴结结核有一定的功效，同时对防治癌症有一定的效果，在浙江常把它当作家里的常用药备着，晒干后的叶子用来泡水喝，能清肺热减烟毒，减轻吸烟对身体的伤害。

三叶爬崖藤分布范围很广，在我国南方各地的深山基本都有分布，可以在背阳的山坡、灌木丛中、小溪边或者树林里看到它的踪影。

Cynanchum rostellatum

29

『奶凶奶凶』是羊角包

夹竹桃科鹅绒藤属　草质藤本
花期 7 ～ 8 月
药用植物 / 改良 / 林边荒地 山脚河边 路旁灌丛

萝藦

《诗经·国风·卫风》中关于萝藦的描述：“芄兰之支，童子佩觿（xi）。虽则佩觿，能不我知”，其中提到的芄兰就是萝藦。它是土生土长的“中国娃”。

萝藦是夹竹桃科萝藦属的多年生草质藤本植物。有块根，全株有乳汁（但千万别尝，可能致敏）；心形叶片成双成对，叶脉清晰如刺绣纹样，背面覆着细密茸毛；夏夜开淡紫色“小风铃”，花瓣反卷露蜜腺，专勾引夜行蛾子。果实很有个性，呈纺锤形，羊角状，表面还有白色的疣状突起，种子在果实内部环绕一根中轴排列，当果实裂开时，就像放开了压缩的弹簧，展开的绢毛带着轻小的种子蜂拥而出。

萝藦果可治劳伤、虚弱、腰腿疼痛、缺奶、白带、咳嗽等；根可治跌打、蛇咬、疔疮、瘰疬、阳痿；茎叶可治小儿疳积、疔肿；种毛可止血；乳汁可除瘊子。民间更传说用藤蔓煮水洗头，能让头发黑亮如绸缎。种子茸毛蕴含超轻纤维材料，可造“植物羽绒服”。

除此之外，萝藦还是生态修复大师，钢铁厂边、盐碱地上，它是第一批扎根的“绿色志愿军”。

Clerodendrum cyrtophyllum

30

传承千年的『天然抗生素』

唇形科大青属　灌木或小乔木
高 1 ~ 10m　花期 6 至次年 2 月
药用植物 / 先锋 蜜源 / 平原丘陵 山地林下

大青

大青敢称大，自然有它的底气，它可是唇形科下的大佬——大青属的“属长”，尽管家庭分分合合，可它的领导地位一直不可撼动。它的别名一大堆，比如土地骨皮、臭冲柴、臭叶树、猪屎青等，最常用的名字是路边青。

大青的叶、茎秆等都是青色，叶子不好闻，臭臭的茎秆往往带有小斑点。花非常多，淡淡的白绿色。它的花都开在一个平面上，整齐划一，很特别。果实更好看，蓝紫色球形的果实被红色的宿萼托在上面，让人难忘。

大青为落叶灌木或小乔木，通常生于海拔 1700 米以下的平原、路旁、丘陵、山地林下或溪谷旁。为优良的观赏花卉，可丛植于庭园，也可盆栽观赏。最具标志性的特征就是花心中吐出的那一簇簇细长如丝的花蕊，秀气轻盈。

大青入药后称“大青叶”，具有清热解毒、消炎镇痛、祛风除湿的功效，用于治疗感冒高烧、流脑、乙脑、偏头痛、高血压、风湿性关节炎及蛇虫咬伤等。还可以作为牲畜越冬的饲料，也可以用作绿肥，农村也用作薪炭用柴。

作为次生林的先锋树种，大青在生态修复中扮演关键角色：长达两个月的花期，为蜜蜂、蝶类提供稳定食源；发达的根系能有效固持土壤，减少滑坡风险；蓝紫色浆果是鸟类的冬季粮仓。

Scleromitrion diffusum

31

蛇虫都怕我

白花蛇舌草

茜草科蛇舌草属　一年生草本
高 5 ~ 50cm　花期 7 ~ 9 月
药用植物 / 观赏 / 水湿地

白花蛇舌草的叶下能开出白色的小花，就像蛇吐信子一样，它的名字也是因此得来的。其植株高度一般在 50 厘米左右，但是却非常柔软，风一吹就会倒。叶片长披针形，而且比较窄，形状也很像蛇的舌头。

白花蛇舌草看似闲草，却价值很大，它有很多名字，比如蛇吐珠、蛇舌草、二叶葎、白花十字草、蛇针草、尖刀草、甲猛草、龙舌草、鹤舌草等。很多地方都叫它蛇总管，因为其有解蛇毒的作用。

白花蛇舌草以其药用价值而闻名，它的根茎和叶片含有丰富的药用成分，具有清热解毒、消肿止痛的功效，除解蛇毒外，还常用于治疗咽喉肿痛、牙痛等疾病。此外，它也可作为地被植物，白色花朵像满天星一样，特别好看。

白花蛇舌草生命力格外顽强，繁殖速度也快，可以在没什么土壤的岩石上、溪边生长。

Sanguisorba officinalis

止血界的神秘大咖

32

地榆

蔷薇科地榆属　多年生草本
高 30 ~ 120cm　花期 7 ~ 10 月
药用植物 / 可食 织染 改良 / 草原草甸 山坡草地 灌丛林下

地榆在《诗经》中就有记载：“山有栲，隰有杻。子有廷内，弗洒弗扫。”这里的“杻”正是地榆。古人对它的认知相当硬核，《名医别录》直接说它‘止脓血，除恶肉”。《日华子本草》说它能治“肠风泻血”（能治直肠出血），古代行军打仗，军医腰间的急救包里总揣着地榆粉。

地榆标志性的暗红色花穗像极了凝固的血柱，这其实是它的生存策略——在绿色海洋中吸引传粉昆虫的注意。折断它的根茎，断面橙红色的汁液中天然单宁酸和维生素 K，正是它止血的秘密。现代实验室里，地榆提取物能让凝血时间缩短 40%。除了会止血，地榆精油正在美妆圈掀起风暴，抗氧化能力强。在生态修复领域，它重金属吸附的本事让污染土地重获新生。

东北“老铁们”将清明时节的地榆嫩芽焯水凉拌，带着山野的清冽爽口。更绝的是地榆茶——经过九蒸九晒的根茎泡出的茶汤红如琥珀，喝起来竟有焙火乌龙的岩韵。在日本，地榆更是和菓子界的明星，用它染出的樱花粉色，让多少和菓子师傅视为不传之秘。

Corydalis caudata

33

小药巴蛋子

罂粟科紫堇属　多年生草本
高 15 ~ 20cm　花期 3 ~ 5 月
药用植物 / 山坡或林缘

小药巴蛋子这一俗称，据《中国植物志》记载来自河北东陵，而当地居民使用的是北京话。这一奇怪名字和它的根部形态有关，“巴蛋子”也许是形容它的球形块茎，听起来有种土萌土萌的感觉。

由于根部藏于地下，我们对于小药巴蛋子最直观的印象还是来自它特别的花朵和可爱小巧的叶片，虽然只有四个花瓣，结构却非常复杂。花外侧的两个花瓣较大，下面的一枚花瓣作为传粉者的“停机坪”，而上面的一枚花瓣后方伸长特化为距。它内侧的两枚花瓣紧紧闭合，中间包裹着花蕊，花瓣基部合生并且向后伸长成为蜜腺，蜜腺完全包裹在外侧上面花瓣形成的距之内。这样复杂而精巧的结构，完全是花朵传粉时的小小心机。

小药巴蛋子作为一种草本植物，被广泛应用于传统中医药中，具有促进消化、增强免疫力、降低血糖、抗氧化、改善睡眠质量、保护心脏等多种功效。

Corydalis gamosepala

药界调和大师和止痛专家

34

北京延胡索

罂粟科紫堇属　多年生草本
高 10 ~ 22cm　花期 3 ~ 4 月
药用植物 / 山坡 灌丛或阴湿地

北京延胡索，其实它的原名叫作玄胡索，因为避讳宋真宗的名字，所以才改了名。它可不只是北京才有哦，在我国华北、东北、西北等地都有分布，且是一个多型种，西部的居群叶型多变。

罂粟科紫堇属的北京延胡索个子不高，10 ~ 22 厘米，茎秆有时候直立，有时匍匐，近圆球形的块茎就像是它的小肚子，圆滚滚的很可爱。它的花也是相当漂亮，桃红或紫色，运气好还能见到蓝色的。

除了外貌，在药效上也是很多好评。《本草经疏》说它“温则能和畅，和畅则气行；辛则能润而走散，走散则血活”，像药界的“调和大师”。而《本草纲目》更是称赞它“活血，利气，止痛，通小便”。它经常被用来治疗各种疼痛，因此也被称为“止痛专家”；还可以用来调理气血、改善睡眠质量等。现代医学研究证明，它含有的延胡索甲、乙、丙素等生物碱，具有镇痛、改善血流动力学、抗心律失常等作用，这也为它的药效找到了科学依据。

Rhaponticum uniflorum

戈壁滩的解毒狂魔

35

漏芦

菊科漏芦属　多年生草本
高 30 ~ 100cm　花期 4 ~ 9 月
药用植物 / 山坡草地

漏芦别名很多，在《祁州药志》中和多地叫祁州漏芦；在陕西叫大脑袋花、土烟叶；在河南叫打锣锤；在山西叫老虎爪；在内蒙古叫狼头花、大口袋花、和尚头等。

春季漏芦顶着紫色的蓬蓬头，像个摩登女郎。它长得不高，叶子粗厚，上面有细小的茸毛，而它的花一般是紫红色，也有淡蓝色。

同样是漏芦，但在不同的地方，在花色和花形上有很大的差别。宋代苏颂《图经本草》中对四种漏芦进行了描述：单州（今山东单县）漏芦花是黄色的；海州（今江苏连云港）漏芦花呈紫色并且长得象单叶莲花；秦州（今甘肃天水）漏芦的花虽然也是紫色，长得更像寒菊，并且叶子更呈锯齿状；沂州（今山东临沂）漏芦则“花叶颇似牡丹”。这些变化使得苏颂都忍不住感慨：“一物而殊类若此，医家何所适从。”

漏芦是一味有着悠久历史的中药材，味苦且咸，但“良药苦口利于病”，在治疗皮肤热毒、痔疮、湿邪痹症及通乳汁等方面的作用一直都受到医学家们的肯定，尤其是皮肤病可服用漏芦汤。

漏芦在我国主要分布于东北、华北、西北、河南、四川、山东等地，通常生长在海拔 2700 米以下的山坡、草地、路旁。

Codonopsis pilosula

36

土里长的『气血充电宝』

党参

桔梗科党参属　多年生草质藤本
花期 8 ~ 10 月
药用植物 / 山地林边及灌丛

看到这个名字，你可能第一时间会联想到人参，其实，这两种植物虽然都是“参”，但没有任何血缘关系，党参是桔梗科党参属多年生草质藤本，而人参则是五加科人参属多年生草本。

党参之名最早见于清代的《本草从新》，因其最初曾被冒充用作山西上党所产五加科人参而用“上党人参”之名，之后一直称为党参沿用至今。在《植物名实图考》中有详尽记载：“党参，山西多产。长根至二三尺，蔓生，叶不对节，大如手指，野生者根有白汁，秋开花如沙参，花色青白，土人种之为利，气极浊。”党参是多年生草质藤本，如果掐其尖会看见里面有白色乳汁，它的花不显眼，钟形，黄绿色带紫斑。花期 8 ~ 10 月。

党参的精华都集中在根上了，根头部有很多突起，形状似狮头，因而也被称为“狮头参”。它主要分布在中国华北、东北、西北部分地区，是很知名的中药材，具有健脾益肺、养血生津的功效。

Glycyrrhiza uralensis

37

中药界的『和事佬』

豆科甘草属　多年生草本
高 30 ~ 100cm　花期 6 ~ 8 月
药用植物 / 北方广布

甘草

中药界有一个著名的“和事佬”，在古代就以其调和百药的特性，被赋予了“国老”的美誉，它就是甘草。宋代梅尧臣的诗句“美草将为杖，孤生马岭危。南从荷蓧叟，宁入化龙陂。去与秦人采，来扶楚客衰。药中称国老，我懒岂能医”，描绘了甘草的珍贵与重要性。民间还流传着甘草的发现故事：一位草药郎中的妻子在丈夫外出时，用甘甜的甘草治愈了求医的病人，从此甘草便被广泛使用。

甘草在中医中用途广泛，可用于治疗失眠、烦热、心悸，以及胃及十二指肠溃疡等多种疾病。它含有的甘草酸和甘草甜素具有抗炎、抗病毒、抗肿瘤和解毒等多种药理作用。因能调和药性，缓解某些药物的副作用，甘草成为中药方剂中常见的配伍药材。

作为豆科甘草属的多年生草本植物，它有三种生态型：沙地草、梁地草和滩地草，不同生态型的甘草花大小相近，但种子大小和硬实率有明显差异。

甘草喜光、耐旱、耐热、耐盐碱和耐寒，常呈区域性分布，生态幅度较宽。在中国北方地区广泛分布，尤其在山西、河北、内蒙古。

Anemone rivularis var. *flore-minore*

38

给我一片凉湿
山林，许你
一个星辰大海

小花草玉梅

毛茛科银莲花属　多年生草本
高 40 ~ 125cm　花期 5 ~ 8 月
药用植物 / 山地林边或草坡

听名字就很美。小花草玉梅隶属毛茛科银莲花属这个拥有美丽基因的家族，为多年生草本。叶片如肾状五角形，仿佛是大自然最精致的剪纸艺术。每年夏日，它便会绽放出蓝色或紫色的花朵，偶尔也会有白色的小花点缀其间，这些花朵聚集成伞状花序，如同繁星点点，照亮山林。

小花草玉梅是民间药典中的常客。粗壮的根状茎入药，具消肿解毒、活血祛瘀、清热除湿等功效，能够治疗喉炎、扁桃体炎、肝炎、痢疾等多种疾病。现代研究发现，它所含的黄酮类成分具有抑菌、抗病毒的作用，对上呼吸道感染、急慢性咽炎和扁桃体炎有较好的疗效。它的皂苷类化合物可抑制肿瘤细胞增殖，展现出强大的抗癌潜力。

但这位山林间的精灵却并非随处可见。它只生长在海拔 3200 ~ 4600 米的山地草坡或疏林中，分布在四川西北、青海、新疆等地，范围有限。

Dorcoceras hygrometricum

盛开在岩石缝里的花

39

苦苣苔科旋蒴苣苔属　多年生草本
高 10 ~ 30cm　花期 7 ~ 8 月
药用植物　山坡路旁岩石上

旋蒴苣苔

水库大坝的水泥或石头缝上一般植物不能生长，但是旋蒴苣苔可以！它的叶全部基生，叶色碧绿，莲座状，无柄，叶片近圆形，边缘具牙齿或波状浅齿，叶脉不明显。一朵朵紫色的花玲珑可爱，花冠淡蓝紫色，花梗特别长，像一个个小脑袋从岩石中探出头来。蒴果长圆形，外面被短柔毛，这些果子竟然会旋转，上面有微微的花纹，而且成熟后会螺旋得更加厉害，这大概就是名字中“旋”的来历。

旋蒴苣苔的叶子呈碧绿色，株型美观，花朵玲珑可爱，尤其适合用于园林假山和山石园的绿化。在民间俗称散血草，是非常好的药材，全草入药，味甘、性温。鲜用或晒干均可，具有活血、散瘀、止血的功效，可治疗中耳炎、跌打损伤等病症。

神奇的是，旋蒴苣苔能够在极度干旱的环境下通过脱水休眠的方式度过严酷的旱季，当水分适宜时又重新恢复生机。在夏天正午时分，岩石的温度可高达 40℃以上，旋蒴苣苔的叶片会因此而萎蔫，但第二天早上又会恢复生机。这种适应性使得旋蒴苣苔能够在中国北方干热的夏季和严寒的冬季生存，并在水分极度缺乏的岩石上繁衍生息。

Sinosenecio oldhamianus

蚊虫 疮毒
也叫怕

40

蒲儿根

菊科蒲儿根属　多年生草本
高 10 ~ 80cm　花期 1 ~ 12 月
药用植物 / 林缘溪边 草坡田边

蒲儿根，别名猫耳朵、肥猪苗、矮千里光等，明艳的花朵给人带来丝丝暖意。植株整体比较娇小，茎秆枝叶都呈现碧绿色，叶子是可爱的心形，外轮的舌状花一开始是一根根的细线形，慢慢才打开成为一条条的花瓣，萌态十足。

蒲儿根一年四季都在零零星星开花，但集中盛放要到 4 月底至 5 月初。蒲儿根的外形很像野菊花，花色金黄，种子会在白色冠毛的带领下，乘风而行，随遇而安，因此分布很广。

蒲儿根的药效得等到它成熟以后才能体现出来，它全草皆可入药，有清热解毒、凉血消肿之功效，还是一种很好的治蚊虫叮咬的天然药材。

Urena lobata

其实我是锦葵家族的

41

地桃花

锦葵科梵天花属　亚灌木状草本
高达 1m　花期 7 ~ 10 月
药用植物 / 草坡林下

此“桃花”非彼桃花哦。只因为花形和颜色跟桃花特别像，这种锦葵科梵天花属家族的亚灌木状草本植物也叫了“桃花”。二者除了个子大小不是一个级别，仔细观察它们的花也有很大差别，地桃花的花蕊是柱状的，而桃花的花蕊是丝状的。

地桃花喜欢干热的环境，空旷地、草坡或疏林下经常能见到。茎直立或斜伸展，圆而多分枝，老茎褐色无毛，幼枝被茸毛及星状毛。它的叶片上下不一致，下部近圆形，上部叶较狭，卵形，边缘有不规则锯齿，常 3 ~ 5 浅裂，少部分深裂达中部。果实像苍耳一样，倒刺很容易粘在人的衣服和动物毛皮上，因此又得名“刺头婆”。

地桃花被现代很多药学著作记载。《广西药植图志》说它“逐痹祛风”，《福建民间草药》称其有祛风利湿、清热解毒的功效，用于治疗风湿痹痛、外感风热等病症。

Urena procumbens

草界「小芙蓉」

42

锦葵科梵天花属　小灌木
高达 1m　花期 6 ~ 9 月
[illegible] / 观赏 / 南方广布

梵天花

初次听到“梵天花”这个名字，一股宗教的神圣意味扑面而来，大概是因这个“梵”字。它的叶子很有特点，茎下部叶轮廓为掌状，就像西瓜的皮，有淡绿色，有深绿色，整片叶子看起来好像狗狗爬过留下的脚掌印，故有一个很形象的别名“狗脚迹”。梵天花枝条平铺，小枝上长满星状茸毛。

夏秋花期时，在接近枝头的叶腋会开出类似木槿的花，花冠呈淡红色。因为长相好看，还被称为草界的“小芙蓉”，江湖人称小叶田芙蓉，也叫它小桃花。它的别名还有很多，如三角枫、三和枫、棉花衣、假棉花、山棉花、云盖月、虱麻头等。

梵天花一朵花可以结出四颗果实。果实圆圆的，有硬刺，有点像苍耳，不过它的刺没有苍耳那么硬。虽说长得好看，但它一点也不娇气，山野间、小河旁，甚至小沟旁，都有它的存在。广泛分布于我国南方，从两广、海南到浙江都有它的踪迹。

梵天花具有药用价值，味甘、微苦，性温，具有一定的毒性。它入心、肝、肺、胃经，可以祛除风湿，消除湿气，舒筋通络，消散瘀血，温暖胃部并增强脾功能。此外，梵天花的茎皮含有韧皮纤维，可供纺织和制作绳索，常被用作麻类的替代品。它还具有很高的观赏价值。

Celastrus orbiculatus

43

看似低调
实则隐藏锋芒

南蛇藤

卫矛科南蛇藤属　藤本植物
花期 5 ~ 6 月
药用植物 / 有毒 / 广布

听这名字，是不是感觉有些神秘可怕？确实，它看上去外表低调，但全身都是戏：叶子形状多变，有的圆得像铜钱，有的尖得像箭矢。小花虽然不起眼，但聚在一起就像是在开秘密会议。最招人的是它的果实，红艳艳的，像是被夕阳染红的宝石，但你可别被它的外表迷惑了，它可是带着小刺的。

《植物名实图考》中记载：“黑茎长韧，参差生叶，叶如南藤，面浓绿，背青白，光润有齿。根茎一色，根圆长，微似蛇，故名。”古人一般会用它来治疗中毒，这在《普济方》中也有提及：“南蛇藤解百蛇气”。南蛇藤全株均可入药，具有祛风除湿、通经止痛、活血解毒的功效。根、藤可用于风湿关节炎、跌打损伤、腰腿痛、闭经；果实具有安神镇惊的作用，用于神经衰弱、心悸、失眠、健忘；叶子则可用于解毒、散瘀，治疗跌打损伤、多发性疖肿、毒蛇咬伤。

南蛇藤在中国的分布非常广泛，从东北、华北、西北到长江下游、华南及西南，都能见到它的身影。

03

纤染 & 芳香植物

织染芳华
人类文明的素材源泉

衣香鬓影的文化图腾

这章说的纤染植物包括两类——纤维植物和染料植物。在历史上，它们总是被人们的日常生活关联在一起——用纤维植物的纤维做成布料、纸张等日常用品，再用染料植物染色。

纤维植物

在南方乡村长大的孩子，对苎麻应该都不陌生——立秋后打掉叶子，割下它们半层楼那么高的青秆，剥出雪白的麻丝。那些带着青草味的纤维，最后变成纳鞋底的麻线、扎粽子的麻绳、孩子书包上磨得发亮的提手。

像苎麻一样能产生纤维、可供编织的植物，我们称其为纤维植物，这些来自土地的丝线，串起了中国人几千年的生活。早在新石器时代，浙江河姆渡人就学会用苧麻搓绳结网。考古学家在遗址里发现的陶纺轮，表面还粘着碳化的麻纤维。《诗经》里“东门之池，可以沤麻”说的正是浸泡苎麻秆的古老工艺——把麻杆泡在池塘里沤软，才能剥出柔韧的长纤维。在贵州苗寨，还有老人用葛藤编草鞋。他们管葛布叫“夏布”，因为夏天穿着透气吸汗。这种用葛根纤维织的布，轻薄得能透光，唐代诗人形容它是“越罗冷薄金泥重”。而湘西的“斑布”更绝，把苎麻和树皮混纺，染出的花纹像水墨画般自然晕染。

纤维植物分为三大门派。韧皮纤维派代表是苎麻，它的单纤维能拉伸到 60 厘米长，强度堪比钢丝；叶纤维派高手当属剑麻，叶片里抽出的硬质纤维不怕海水腐蚀，渔船缆绳多用它；种子纤维派魁首是棉花，棉絮里的每根纤维都像空心吸管，藏着保温的玄机。广西山区有种火麻，纤维里含天然抗菌成分，当地人用其织蚊帐，蚊虫不敢靠近；江浙的竹纤维更神奇，把毛竹碾碎用生物酶分解，得到的竹原纤维柔软如蚕丝。竹纤维工厂里，竹子经过十八道工序，最终变成婴儿尿布里的吸水层。

当老手艺遇见新时代，注定会碰撞出新的火花。在皖南泾县的宣纸作坊，老师傅还在用青檀树皮造纸。这种树皮纤维细长且交织力强，造出的宣纸“墨分五色，纸寿千年”。但隔壁车间已用上机器打浆，掺入构树纤维的混合纸，既保留了韧性，成本却降了三分之一。四川隆昌的夏布非遗传承人道出了新变化：以前苎麻布容易起皱，现在和棉混纺后做成汉服，垂顺又挺括。最有趣的是云南的凤梨纤维——菠萝叶过去当柴烧，如今抽出的丝与真丝混纺，做成的衬衫自带草木清香。

染色植物

中国人用草木染色的历史，比汉字还要古老。安阳殷墟出土的麻布残片上，检测出朱砂红和茜草红的混合染色痕迹。《诗经》中"绿衣黄里"的衣裳，用的是栀子染黄、冻绿树皮染绿。汉代皇家特设"暴室丞"，专管用薯莨给官服染出赭红色，这种深植于土地的色彩等级制，直到明清还在影响百姓穿衣——你家若敢私藏一件柘木染的赤黄色衣衫，便是犯了僭越之罪。

《唐六典》记载："凡染大抵以草木而成，有以花叶、有以茎实、有以根皮，出有方土，采以时月。"我国唐代时期，草木染已经成为染色的主要方法和技术。《天工开物》里有关于草木染的详细记载：北方用乌桕叶染黑，岭南拿紫草染绛……草木染技艺承载着数千年的文化积淀与智慧结晶，随着现代化学染料的普及和工业化生产的冲击，草木染这一古老技艺逐渐式微，传承人稀缺、工艺濒危、公众认知薄弱等问题日益凸显。

2006年5月，国务院将传统印染技艺列入国家级非物质文化遗产进行传承保护。迄今为止，国家级非物质文化遗产名录中已经有几十项的传统印染工艺入选，如江苏南通的蓝印花布、四川的蜡染技艺、大理白族的扎染技艺、贵州的枫香印染技艺等，还有很多地区陆续开始挖掘和恢复传统染色技艺，并立项和申请非遗传承。

近年来，中国"非遗热"与"国潮文化"的兴起，进一步激发了公众对传统手工艺的关注与认同，草木染以天然环保、健康亲肤的特性，契合了当代人对生态友好生活方式的需求；

其蕴含的“慢工艺”美学与东方色彩体系，也为现代设计、时尚、艺术领域注入文化灵感。草木染作为兼具实用价值与美学深度的文化遗产，正逐渐回归大众视野。

芳香植物

小时候外婆总是把晒干的紫苏叶塞进枕头。那些边缘带着锯齿的叶片，揉碎时飘出薄荷般的清凉气息，伴我度过无数个夏夜。后来才知道，这种叶片背面密布紫色腺点的植物，与薄荷、罗勒同属唇形科，茎秆都是方方的四棱形，轻轻一搓就能释放香气。中国人用香的历史，就藏在这些会呼吸的植物褶皱里。

早在三千年前的商周时期，先民们已懂得焚烧艾草驱虫。《诗经》里“采萧获菽”中的“萧”就是青蒿，细长的羽状叶片在燃烧时会散发特殊药香。马王堆汉墓出土的香囊中，辛夷花蕾形如毛笔头，表面覆满灰白色茸毛，这种木兰科植物的干燥花苞至今仍是中药铺里的通窍佳品。在福建漳州的古村落，老人们仍保持着用芸香科植物九里香熏衣的习俗——卵圆形的革质叶片经火烘烤，散发的柑橘调香气能防蛀数月，比现在的樟脑丸更温和持久。

不同类别的芳香植物藏着各自的秘密。叶片肥厚的迷迭香，属于唇形科常绿灌木，针形叶背面有蜡质层锁住水分，轻轻摩擦就能释放松木香，这种特性让它成为地中海沿岸的天然香料。而伞形科的茴香则另辟蹊径，黄色小花聚成伞状花序，成熟的果实像迷你八角，掰开会溢出浓烈的香气。在云南西双版纳，傣族姑娘用香茅草编成门帘，细长的带状叶片富含柠檬醛，雨季时雨水冲刷叶片，整个竹楼都弥漫着柠檬香。

花朵类香料的形态更显造物神奇。忍冬科的金银花，花冠筒细长如针，清晨采下尚未开放的白色花蕾，经日晒转为金黄，泡水后能析出环烯醚萜类物质。山东平阴的重瓣玫瑰，花瓣层层叠叠如绢纸，基部密布油腺细胞，必须在日出前带着露珠采摘，才能保住最浓郁的香茅醇。苏州的制香人，会把芸香科的代代花与茶叶分层铺放。

研究者分析菊科艾草的腺毛结构——那些分布在叶片背面的绒状突起，每个都是微型精油仓库，电子显微镜下能看到它们像小蘑菇般簇拥着，储存着挥发性萜类化合物。八角茴香树的星状果瓣经过超临界萃取提取的莽草酸，既是抗流感药物原料，也是高级香水的定香剂。

这些自带香气的植物，有的把秘密藏在叶片背面的腺点里，有的将精华浓缩在花瓣基部的油囊中。这些草木用形态各异的器官储存香气，像是大自然设计的精密香水库，从《楚辞》中的“蕙肴蒸兮兰藉”到现代人的精油扩香仪，穿越三千年仍在与我们进行着芬芳的对话。

甜麻花

Melochia corchorifolia

退疹小能手

01

马松子

锦葵科马松子属　草本
高不及 1m　花期夏秋
纤染植物 / 药用 / 田埂路旁

马松子以前被分在梧桐科，现在安居在锦葵科了。

跟锦葵、木芙蓉等锦葵科植物相比，虽然花瓣形状相似，但马松子的雄蕊下部连合成筒，与花瓣对生，花柱也是线状的，非常有特色。

《中国植物志》里提到它的茎皮富于纤维，可以与黄麻混纺制麻袋，甚至有人认为它的纤维比黄麻还要好。

马松子是“止痒小能手”，能止痒退疹，老一辈的人常常用它来煮水洗澡，对于湿疹、皮肤瘙痒等症状有着很好的缓解作用。现代研究还发现它含有蛇婆子碱、马松子环肽碱等物质，具有潜在的药用开发价值。

Rubia cordifolia

02

染料界的『红法师』

茜草科茜草属　草质藤本
花期 8 ~ 9 月
纤染植物 / 药用 / 疏林草地 林缘灌丛

茜草

被誉为千古名染的茜草，根状茎和其节上的须根均为红色。茎是方形的，有四棱，有时还会旋转扭曲。四片心形的叶子在节上轮生，像风车一样。茜草的茎和叶密密麻麻都是倒刺，扎起人来真不含糊。

茜草的花很小，但是数量庞大，这很符合植物以量取胜的繁殖策略。花冠是浅黄绿色的，花小而多，远远看去像满天繁星，清淡素雅。

李时珍说“东方有而少，不如西方多，则西草为茜”。确实，茜草在我国西南部的广西、云南、贵州等地分布最多，一般生长于疏林、林缘、灌丛或草地上。

茜草作为传统中药最早记载于《神农本草经》，药用部位为根，名为“茜根”，具有凉血止血、祛瘀通经的作用，所以又得名“血见愁”。

然而，茜草最值得一提的并非它的药用价值，而是作为我国历史最悠久的红色植物染料。染色所用部位是地下根，因此茜草又被称为“地血”，根中含有天然茜素，是一种很好的红色染料。

用茜草作为植物染料并非我国独有，这也是古代欧洲最常用的红色染料之一，最早使用可追溯到公元前的古埃及。然而，1969 年德国化学家人工合成了茜素，至此，茜草植物染料的统治地位被取代，茜草也渐渐地变成了杂草。

Corchorus aestuans

我的本事
不在甜

03

甜麻

锦葵科黄麻属　一年生草本
高 1m　花期夏季
纤染植物 / 药用 可食 / 南方广布

甜麻根系发达；茎红褐色，稍被淡黄色柔毛；叶卵形或阔卵形；花期夏季，花朵和果实都长在叶腋处，小花黄色；果实长筒形，像一个个的小香蕉，看上去非常美观。

甜麻一般生长在乡下的田边、湖塘边、沟谷旁以及开旷湿润的地方，民间又叫它针筒草、野黄麻等，主要分布江西、江苏、浙江、安徽、福建、广东、广西、云南等地。

甜麻的嫩茎叶可食用，可以炒食、作汤、作火锅材料，其营养丰富，是一种补充钙质和微量元素的保健野生蔬菜。虽然叫甜麻，但吃起来并不甜 ，相反有一些苦涩的味道，吃在嘴里滑溜溜的。种子有毒，家畜是不能吃的。

甜麻全草均可入药，是祛湿、消肿、拔毒之良药，常用于中暑发热、痢疾、咽喉疼痛等症的治疗，据说客家人还常用它来治疗风热感冒，效果很好。

甜麻的茎皮纤维可作黄麻的代用品，作为编织和造纸原料。

Buddleja officinalis

给米饭染色
就用它

04

密蒙花

玄参科密蒙花属　灌木
高 1 ~ 4m　花期 3 ~ 4 月
纤染植物 / 蜜源 药用 观赏 / 山坡林缘

密蒙花其名称来源于《本草纲目》"其花繁密，蒙茸如簇锦"，很好地描述了它的特性。其别名很多，有蒙花、鸡骨头花、羊耳朵、米汤花等。主要分布在我国山西、陕西、甘肃及以南，通常生长在海拔 2800 米以下的向阳山坡、河边、村庄周围灌丛中或林缘。

密蒙花小枝略呈四棱形，灰褐色。小枝、叶背、叶柄和花序均密被灰白色星状短茸毛。单叶对生，花多密集，组成顶生聚伞圆锥花序，花朵先呈紫堇色，后变白色或浅黄白色，是蜜蜂非常喜欢的花。

密蒙花全株有药用价值，以干燥的花序和花蕾为佳品，其味甘，性微寒，具有清热泻火、养肝明目、退翳的功效，是治疗眼部疾病的有效药物。

密蒙花也叫染饭花、黄饭花，它的花是广西、云南等少数民族的米饭调色材料，通常在清明前后采摘鲜花或花蕾煮水浸泡糯米，制作成透着浓郁花香的黄花饭；在广西等地民间常用密蒙花、红蓝草、三月花、枫叶等植物制作不同颜色的水汁浸染糯米，蒸成黄色、黑色、红色、紫色、白色等五色糯米饭，期盼五谷丰登。

密蒙花的茎皮纤维坚韧，可作造纸原料。它的花序大而醒目，花芳香美丽，早春开花，四季常绿，是优良的庭园观赏花木，又因适应性强，耐干旱瘠薄，生长速度快，可作生态修复植物。

Lithospermum arvense

田间全能的草

05

田紫草

紫草科紫草属　一年生草本
高 30 ~ 35cm　花期 4 ~ 8 月
纤染植物 / 药用 可食 饲草 / 低山草坡 田边

可能是因为它根茎带紫又开紫花，且生长在麦田里，才有这“田紫草”的名字吧。

它的茎直立或斜升，基部略带淡紫色。花单生于上部叶腋，花冠高脚碟状，淡紫红色或粉白色，样子小巧，清新淡雅。

田紫草的样子经常让人跟它的邻居麦瓶草相互混淆，有些人总是傻傻地分不清楚。通常它们都会开出白色或紫色的小花，但不同之处在于：田紫草的叶片上会有一层白色的茸毛，而麦瓶草的叶片是光滑的；田紫草的根带紫红色，而麦瓶草的根是白色的。

田紫草营养丰富，无毒、无怪味，春季时的嫩茎叶可以食用，吃法和麦瓶菜很相似。田紫草同样可以用来喂家畜家禽，除了马不吃以外，基本上其他家畜家禽都吃，尤其是鸡、鸭最喜欢吃。

紫草的根带紫红色，富含紫草红色素，无毒、无味，可作为最好的天然食用色素和化妆品的原材料，还可应用于医药、印染等行业。其果实可入药，有健胃、镇痛及强筋骨的功效，主治胃酸作胀、胃寒酸痛等。可以说，田紫草一身都是宝。

Perilla frutescens

苏醒万物，荏苒千年

06

紫苏

唇形科紫苏属　一年生草本
高 50 ~ 100cm　花期 8 ~ 12 月
芳香植物 / 可食 药用 / 广布

紫苏的故事始终与人类文明交织。“紫”喻高贵，“苏”取自“舒醒”，《药性论》称其能“苏醒万物”。

紫苏原产中国及东南亚，早在 5000 年前已被长江流域先民驯化。野生种群多见于田埂、溪边等湿润地带，喜温暖湿润气候，耐瘠薄却畏严寒。随着文化交流，紫苏在唐代传入日本，江户时代成为和食文化象征；16 世纪经丝绸之路抵达欧洲，如今在北美地区及澳大利亚均有栽培，成为“东方味道”的代名词。

紫苏茎四棱形，密被柔毛。叶片宽卵形或圆形，边缘锯齿状，叶色随品种变化：紫苏叶面深紫如浸染的绸缎，绿苏则通体碧绿。其独特香气源于叶片中的挥发油（主要含紫苏醛、柠檬烯），轻轻揉搓即释放出类似薄荷与柑橘混合的清凉气息。夏季开白色或淡紫色小花，穗状花序如串串风铃，果实为灰褐色小坚果，内含丰富 α－亚麻酸。

《本草纲目》载紫苏“行气宽中，解鱼蟹毒”，全株皆药：叶（苏叶）发散风寒，梗（苏梗）理气安胎，籽（苏子）化痰平喘。现代验证：紫苏醛具有抗过敏、抑菌作用。

紫苏还是天然驱虫剂，与茄子、黄瓜间作，其挥发性物质可驱避蚜虫、粉虱。此外，紫苏根系能打破土壤板结，对镉污染土壤具有超积累能力。

Mentha canadensis

清凉达人

07

薄荷

唇形科薄荷属　多年生草本
高 30 ~ 60cm　花期 7 ~ 10 月
芳香植物 / 可食 药食同源 / 水旁潮湿地

“麻烦给我的爱人来一杯 Mojito，我喜欢阅读她微醺时的眼眸”，周杰伦的这首《Mojito》，让名为 Mojito 的饮料风靡一时，而调制 Mojito 不可缺少的材料就是薄荷。薄荷所具有的独特香气，让这款饮料喝起来更加提神、醒脑。

薄荷是一种极为常见的植物，家中种一株，在喝水煮茶或是烹饪菜肴时，随时都可以摘下几片叶子，为美食佳肴增味添色！

薄荷又名银丹草、夜息香，是唇形科薄荷属的一种多年生草本植物。虽然外形看上去平平淡淡，但它身上却拥有一股令人舒服的清凉迷人的芬芳，轻轻揉搓，那种清凉气息越是浓烈，仿佛身体里每一个细胞都通透了，找到了幸福的感觉，所以薄荷的花语是“愿与你再次相逢”。

薄荷还是常见中药之一。在《本草纲目》《药用本草》中都有专门记载。它是辛凉性发汗解热药常用的药材之一，治流行性感冒、头疼、目赤、身热、咽喉、牙床肿痛等症。平常若以薄荷代茶饮，能清心明目。

Dictamnus dasycarpus

08

这位『解毒圣手』还有点香

白鲜

芸香科白鲜属　多年生草本
高 40 ~ 100cm　花期 5 月
芳香植物 / 药用 / 丘陵土坡 平地灌丛中 林下草地

中药铺举办武林大会，白鲜白衣飘飘地登场——这位根皮雪白、浑身散发柠檬清香的“洁癖侠客”，因为专治各种湿热毒邪，最终获得草本界的“解毒圣手”称号。

在北方，老百姓叫它“白羊鲜”。《本草纲目》解释“鲜者，洁也”，形容它剥开根皮后露出的雪白肉质。它深谙“化学防御”之道：羽状复叶像绿色鸡毛掸子，叶背密布油腺，轻轻一搓就爆出柑橘混合松木的清香，也因此欧洲人提取它的精油制作高端香水。初夏开出淡紫或白色小花，花瓣带着深色脉纹，散发出的清香让其成为招蜂引蝶的香氛大师。最绝的是它的果实——成熟时果皮会突然“自爆”，把种子弹射到三米开外，活脱脱一个“植物机关枪”。

白鲜在医药界是全能选手，早在《神农本草经》时代就被认证为“主头风，黄疸，咳逆”。唐代《药性论》给它追加为“治一切热毒风”，《肘后备急方》记载着用它治鼠瘘的偏方。民间更是把它当天然驱虫剂，端午时和艾草捆作搭档，专门镇压蛇虫鼠蚁。其根皮晒干能煮出黄金色药汤，专治湿疹瘙痒等“湿热纠纷”；现代研究还发现其富含白鲜碱，堪称植物界的“天然抗生素”。

Dracocephalum rupestre

山西药茶
毛建草

09

唇形科青兰属　多年生草本
高 5cm　花期 7 ~ 9 月
芳香植物 / 可食 药用 观赏 / 高山

毛建草

从一粒圆润的种子，到形如草莓的小苗；从披满紫色花朵的植株，到散发着阵阵清香的茶叶，这便是一棵毛建草作为“山西药茶”的一生。它的茎不分枝。叶片为三角状卵形，先端钝，茎中部的叶子具有明显的叶柄。紫色的花朵一串一串的。

山西多地将毛建草的嫩叶制成“毛尖茶”，香醇浓郁。

毛健草富含黄酮、氨基酸、磷、镁、钙、钠、铁、铜、锌、硒等多种微量元素，其制作的茶饮，长期饮用还在抑菌、抗病毒、保肝等方面有效果，而其独特的成分还可以治疗痛风，降低胆固醇等，完全无愧于“药茶”这一称谓。

毛建草全草可用于解热、消炎、凉肝止血，主要用于胸脘胀满、消化不良、风湿性头痛、喉咙痛和咳嗽等的治疗。毛建草的花序较密集，花色鲜艳，呈现出蓝紫色，花朵较大，因此具有较高的观赏价值。

毛建草是一种富有趣味性的植物，盛开的花朵如果朝某个方向弯曲，整株植物会维持这种状态生长下去。

04

观赏植物

从荒野来到家园

东方美学的活态基因

小时候，常跟着小伙伴去山上采野花，那漫山遍野的映山红，香满整片林子的栀子花，山坡路旁的狗尾巴草、蒲公英、野菊花，还有做篱笆用的木槿，庄稼地边上的木芙蓉，都曾是我们眼中的惊喜和美的代言。我们捡来大人喝完酒的啤酒瓶，或是将奶奶的豁口腌菜坛子，灌满井水，野花高低错落地插进去，吃饭的八仙桌顿时成了“百花园”，朴素的土屋立刻变得生动起来。过一段时间不去管它，还会惊喜地发现，栀子花、木槿竟然自己发出根来……

这样烂漫的山花记忆，芳香着整个天真无邪的童年。小时候只觉得它们好看，长大了才知道，这些山野间的精灵，早被先民们写进文明的注脚。《诗经》里“采薇采薇，薇亦柔止”，唱的正是华北平原常见的野豌豆；屈原佩挂的秋兰，原型是湖北山涧的野生泽兰。在阿尔卑斯山，牧民把雪绒花缝进衣襟祈求平安……

中国的山川褶皱里满藏着这样的馈赠。横跨热带至寒温带，复杂的气候和地理环境，让中国孕育了全球约 10% 的高等植物物种。当英国皇家植物园邱园（Kew Gardens）在 19 世纪成为大英帝国的“植物帝国枢纽”时，中国西南的横断山区、云南高山和长江流域被西方视为“未开发的植物宝库”。19 世纪至 20 世纪初，西方世界对东方植物的狂热催生了一批特殊的“探险者”——植物猎人（plant hunters）。他们深入中国西南的崇山峻岭，将数以万计的中国植物种子、标本和活体植株运往欧洲。这场持续百年的“绿色淘金热”，不仅重塑了西方园林景观，更深刻影响了现代观赏植物育种史。

罗伯特 · 福琼（Robert Fortune）：1843-1861 年间四次潜入中国，猎走超 500 种植物，包括茶树（成功打破中国对茶业的垄断）、牡丹、菊花和紫藤。他引入的垂枝樱（*Prunus pendula*）成为日本“樱前线”的重要母本。

欧内斯特 · 威尔逊（Ernest Wilson）：被称为“中国威尔逊”，为英国维奇苗圃（Veitch Nurseries）工作期间，将珙桐（“鸽子树”）、绿绒蒿、帝王百合等 1600 余种中国植物引入西方。他拍摄的四川岷江百合（*Lilium regale*）照片直接引发欧洲园艺界的轰动。
乔治 · 福雷斯特（George Forrest）：在云南发现超过 1200 种新物种，杜鹃花属

（*Rhododendron*）的 300 余个品种经他之手成为英国庄园的“贵族花卉”，其中大树杜鹃（*R. protistum*）的巨型花朵直径可达 25 厘米。

这些被“猎取”的植物彻底颠覆了欧洲传统园艺的格局，催生出维多利亚时代的“异域花园风潮”。中国西南山地的常绿杜鹃与落叶杜鹃杂交后，诞生了耐寒且花形华丽的新品种。爱丁堡皇家植物园凭借福雷斯特带回的杜鹃种子，成为全球杜鹃研究圣地，至今仍保有中国原种的核心基因库。

中国月季（*Rosa chinensis*）被法国育种家与欧洲蔷薇杂交，创造出现代月季（Hybrid Tea Roses）。绿绒蒿（喜马拉雅罂粟）的金属光泽花瓣、报春花的缤纷色系、玉兰的早春绽放习性，填补了欧洲花园的季节空白。邱园至今仍以中国植物构建其标志性景观，如威尔逊引入的珙桐林荫道。

据统计，我国具有观赏价值的野生花卉超过 7500 种，蕴含着极其丰富的生态价值、经济价值和文化价值，目前这些资源被开发利用的还不足 5%。但是，资源的开发需平衡“利用”与“守护”。小时候用奶奶的腌菜坛插花时她曾教我，“插野花要留三分根”。这份朴素的智慧里，藏着最深刻的生态哲学：当我们把雪莲的基因注入月季时，也当为雪山上的原生族群保留纯净的栖息地；在实验室提取野花色素制作口红时，更要守护山野间那抹天然的红。

Silene conoidea

果实像瓶子的麦瓶草

01

石竹科蝇子草属　一年生草本
高 25 ~ 60cm　花期 5 ~ 6 月
观赏植物 / 药食同源 改良 / 麦田 草坡

麦瓶草

因为它一般生长在麦田里，果实形状酷似瓶子，所以叫麦瓶草。它还有很多的别名，如米瓦罐、净瓶、瓶罐花、面条菜、羊蹄棵、灯笼草、灯笼泡等。

麦瓶草的叶呈长条形，就像一根根的面条；茎单生，直立，不分枝，花也是直立的，花呈淡红色，萼圆锥形，基部膨大；长成后的果实剥开，里面会有梨状的蒴果，蒴果里面的就是麦瓶草的种子了，呈肾形，是可以食用的。

麦瓶草分布于中国的黄河流域、长江流域以及西至新疆和西藏等地，常生长于麦田和荒地的草坡上。它的耐旱性、耐寒性以及抗盐碱性都很强，根系非常发达，在一定程度上解决了我国西部地区很大的生态问题。但它也是田地里常见的野草，特别是在小麦和油菜等夏熟的农作物田。

麦瓶草全草及其嫩茎叶均可入药，具有养阴、清热、止血调经的功效，特别对女性月经不调有很好的作用。麦瓶草同样也是一种药食同源的植物，其食用部位为肥嫩的叶片和幼茎，口感鲜甜，富含多种维生素、氨基酸以及人体所需的矿物质。麦瓶草花繁枝茂，花果期也很长，可以作为观赏植物来种植。

Hypochaeris ciliata

萌主
菊科

02

菊科猫耳菊属　多年生草本
高 20 ~ 60cm　花期 6 ~ 9 月
观赏植物 / 先锋 蜜源 可食 药用 饲草 / 广布

猫耳菊

猫耳菊有金黄色的花冠，花冠直径为 2 ~ 4 厘米，由很多舌状花瓣组合在一起，和蒲公英的花很相似，又叫假蒲公英。其实猫耳菊的花茎分叉比蒲公英的要长一些，叶子多毛。而蒲公英的花茎是空的，没有分叉，叶子有锯齿，表面光滑无毛。

猫耳菊在马路边、田野和草地上都比较常见。原产于中国，在俄罗斯、朝鲜半岛等地均有分布。适应能力也强，对生长环境不挑剔。耐旱、耐贫瘠特性让它成为矿山修复的植物。

猫耳菊的根、茎、叶均可食用，味道清淡，比起蒲公英叶子，猫耳菊叶子几乎没有苦味，可以生吃、煎炒或蒸煮；根烤熟后可研磨成咖啡的替代品。

猫耳菊主要在秋季和冬季采收，将其切成片晾干后可以利用其消肿的作用，用于治疗水肿和腹水的症状。它也是很好的蜜源植物，成片的花海是蜜蜂采蜜的天堂。

Ravenala madagascariensis

03

自带饮水机的国际巨星

鹤望兰科旅人蕉属　多年生草本
高 5 ~ 8m　花期全年均可开花
观赏植物 / 广东台湾

旅人蕉

如果植物界有“联合国亲善大使”，那必须是旅人蕉——这位来自马达加斯加的顶流，靠着“免费供水”的慈善人设，硬是在全球植物圈混成了国际巨星，甚至当上了故乡的国树（马达加斯加护照首页印着它）。

它还兼职做绿植界“超模”。叶片基部叠成高脚杯造型，下雨天能存 4 瓶矿泉水量的雨水，沙漠探险者见到它比见到亲妈还激动；白色花朵藏在船形苞片里，传粉全靠狐蝠舌吻；它的种子自带蓝色假种皮，这蓝色蓝得那样纯粹，纯粹得不真实。吸引鸟类传播时像在喊：“走过路过不要错过，蓝莓味零食免费试吃啦！”被中国南方园林引进后，它因造型太像《西游记》里的芭蕉扇，成功混进各大影视城当道具。只是它明明属于鹤望兰科（和天堂鸟花是亲戚），却总被误认为是棕榈或芭蕉。

跨界也很成功。科学家模仿其叶片排列结构，研发出更高效的太阳能电池板；叶子纤维被做成马尔代夫草席，树汁熬成“热带版枫糖浆”，身价瞬间涨十倍。

Silene tatarinowii

不要拿我去冒充人参

04

石生蝇子草

石竹科蝇子草属　多年生草本
高 30 ~ 80cm　花期 7 ~ 8 月
观赏植物 / 药用 / 灌丛林下

石生蝇子草被称为“山女娄菜”，因为它的茎叶与女娄菜相似而得名。还被称为连参、太子参、蝇子草、麦瓶草、石生麦瓶草等。

石生蝇子草茎长可达 80 厘米，全株被短柔毛，根圆柱形或纺锤形，黄白色。花瓣有粉红色或白色，杯状花托。蒴果卵形或狭卵形，种子肾形，红褐色至灰褐色，脊圆钝。花果期 8 ~ 10 月。

石生蝇子草的根外形与太子参十分相似，故经常有人用石生蝇子草的根冒充太子参（孩儿参），所以亦被称土洋参。全草入药，具有清热凉血、补虚安神等功效，可用于治疗热入营血、心神不安、失眠多梦等症状。此外，石生蝇子草的花冠奇特，可以引入园林绿化中。

Anemone cathayensis

被贬人间的『仙子』

05

银莲花

毛茛科银莲花属　多年生草本
高 30 ~ 40cm　花期 4 ~ 7 月
观赏植物 / 药用 / 山坡草地 山谷沟边

“娜娜疏枝擎芳蕊，广汴娉婷。幽幽暗香染情思，不解红冰。”银莲花的美丽是清新怡人的。银莲花是以色列的国花。属名 Anemone 源自希腊语 anemos（风）。传说美少年阿多尼斯被野猪所伤时，鲜血溅落处长出银莲花，西风之神 Zephyrus 吹开层层花瓣为他送行。在中国神话中，银莲花则是一位触犯天条的仙子被贬为凡间而变成，需得到人间的吻才能重返天庭。无论东西方，银莲花都来自天上，表达了人们对银莲花的钟爱。

虽然名字是莲花，但人家是毛茛科家族的。而且你看到的在风中摇曳的银白色花瓣，其实是它的萼片，在早春的寒风中绽放出白、粉、紫、蓝的渐变效果。中心密集的金黄色雄蕊，活像撒了把阳光的奶油蛋糕。

古罗马人相信银莲花能治疗心病，中世纪巫师拿它占卜爱情。在花语中，它既是“渐渐淡薄的爱”，又是“期待与希望”的矛盾体。《本草纲目》里记载的“打破碗花花”很可能就是它的某个近亲，古人用其治疗疟疾的智慧至今令人称奇。

现代园艺师更爱它的“百搭体质”。在庭院花境里可做 C 位担当，更是 ins 风捧花的灵魂点缀。不过在采摘时要注意：它可是全身带毒。

Canna indica

06

到哪里都是焦点

美人蕉科美人蕉属　多年生草本
高 1 ~ 2m　花期 3 ~ 12 月
观赏植物 / 药用 可食 / 广布

美人蕉

“亭亭清影绿天居，辰暑招凉好读书。怪底弹文出修竹，美人颜色胜芙蕖。”清代张湄这首《美人蕉》将美人蕉的形、意、神描述得淋漓尽致。在最为暑热的天气里，看到这硕大的绿叶、鲜艳的花朵，不觉让人神清气爽。

原产美洲热带的美人蕉，是美人蕉科美人蕉属的当家花旦。《本草纲目》中解释：“其叶似芭蕉而小，花极鲜红可爱，故名。”它深谙时尚之道：叶片或青翠欲滴，或紫红渐变，自带高级感；花朵或烈焰红唇，或明黄耀眼，或粉嫩可人，像蝴蝶般灵动，又似火焰般热烈。《群芳谱》夸它“花极鲜红可爱”，梵高作画常请它做客。

本可以靠颜值，人家却要拼才华。《本草纲目》记载其根茎可入药，清热利湿；民间用它宽大的叶片包粽子、蒸糕点，是天然的“食品包装纸”；块茎磨粉可做糕点，花蕊可泡茶；它还是湿地修复的环保先锋，可吸收重金属净化水质。

Couroupita guianensis

满树挂『炮弹』

07

炮弹树

玉蕊科炮弹树属　乔木
高可达 20 ~ 30m　花期 5 ~ 11 月
观赏植物 / 药用 用材 / 热带雨林

茶褐色圆滚滚的果实挂在树上，远远望去就像一个个炮弹似的，很是奇特，难怪得名炮弹树。也有人叫它铁西瓜、吊瓜树、吊灯树，但看起来都不如炮弹树这个名字更贴切。

炮弹树是玉蕊科炮弹树属的一种奇特树木，原产于热带雨林地区，在我国广东、福建等地可见。其植株非常高大，它的花直接生长在主干或者老枝上，6 个花瓣，内侧为深粉色，外侧是淡黄色，花色靓丽而且有香味，花后果实迅速长大成圆球状，直径可达 20 厘米左右。成年的炮弹树结果量很大，满树挂“炮弹”，形成了奇特的景观。

炮弹树的果实落到地上后会破开，里面的果肉经常被小动物吃掉。果实的提取物有一定的抗菌性，对治疗过高血压、疼痛等有一定的作用。此外，它的树干是很好的木料。

Aquilegia yabeana

形象的名字，天仙的颜值

08

华北耧斗菜

毛茛科耧斗菜属　多年生草本
高 30 ~ 60cm　花期 5 ~ 8 月
观赏植物 / 可食 / 山地草坡或林边

虽然名字中带有一个“菜”字，但它可不是菜，而且还带微毒，千万不能吃哦！不过人家颜值高，所以被培育出非常多的观赏品种。

耧斗菜属植物的花形都很奇特而漂亮，看上去很像我国一种传统农具——耧车上的斗，所以得名耧斗菜。华北耧斗菜的花与其同属的耧斗菜又稍有不同，华北耧斗菜萼片和花瓣都为紫色，而耧斗菜都为黄色；另外还有一个比较突出的不同是华北耧斗菜距（花瓣的下部延长出来一个长长的管状结构）末端极度弯曲，而其他品种多为比较直的。由于华北耧斗菜的花朵为紫色，在有些地方也被称为紫霞耧斗，听着就很美！

华北耧斗菜在我国分布较为广泛，在林下、道边，飘逸的植株、紫色的花很是吸引目光。它比较耐寒，尤其在半阴、湿润而排水良好的砂质壤土条件下生长良好。

华北耧斗菜的根部比较粗壮，含糖类，可酿酒。种子含油，可制取机械润滑油。

Anemone hupehensis

谁说的
摘我就会
打破碗

09

打破碗花花

毛茛科银莲花属　多年生草本
高 30 ~ 120cm　花期 7 ~ 10 月
观赏植物 / 药用 / 低山草坡 沟边

一种花和碗有什么联系，而且还是打破碗，很奇怪是不是？是花的“小名”吗？不是，打破碗花花就是很正式的“大名”，出现在《中国植物志》中，其实啊，打破碗花花原产于我国，在四川比较多见，这个名字是源自四川的叫法，四川话多带重音，所以叫打破碗花花。据说，因为这种花有些毒性，当地人为了警告小孩子不要去采摘，就吓唬小孩说如果采了这种花就会中毒，手就没有力气了，连碗都拿不住，会打破碗，后来，打破碗花花这个名字就流传下来。

花朵大，颜色靓丽，多为白色或粉色，花期还长，7 ~ 10月间陆续开花，在四川、湖南、湖北、陕西、甘肃、贵州等地都有分布。在各地的别名又有不同，在陕西被叫山棉花、野棉花，可能是因为它的球形果实上长满了密长绵毛，像棉花似的。

其根、茎、叶均可入药，《陕西中草药》《四川常用中草药》中都有关于其药性和功能的记载，其植株含有白头翁素等，有小毒，具有清热解毒、排脓生肌、消肿散瘀、克食消积、强心利尿等功效。而且它还有杀虫功效，全草捣烂投入污水坑中，可杀灭蛆虫、孑孓等。

Delphinium grandiflorum

10

山野间的蓝精灵

毛茛科翠雀属　多年生草本
高 30 ~ 65cm　花期 5 ~ 10 月
观赏植物 / 药用 / 山地草坡或丘陵砂地

如果你在夏日的北方山野间漫步，可能会撞见一丛丛蓝紫色的“小精灵”在风中摇曳——这便是翠雀，别名大花飞燕草。它原生于中国华北、东北等地的山坡草地，如今成了花园里的“治愈系”植物明星。

翠雀的名字藏着诗意的密码。“翠”取自它青翠欲滴的叶片，而“雀”则因花朵后方拖着一根细长的“尾巴”，像极了麻雀翘起的尾羽。其属名 Delphinium 更有趣，源自希腊语“海豚”，因为花苞形状神似跃出海面的小海豚。

其掌状分裂的叶片像张开的手指，茎干直立挺拔。最吸睛的是它的花朵——五片蓝紫色花瓣中，上方一片延伸成优雅的“燕尾”，下方两片如振翅欲飞的蝴蝶，中心还藏着金黄的“蜜导”（退化雄蕊），专门给传粉昆虫指路。

早在清代，《植物名实图考》就记载了翠雀，古人称其“可疗疮毒”。民间曾用它的根煎水外洗，缓解皮肤瘙痒；而现代研究发现，翠雀含有生物碱，确有抗菌消炎之效（但切勿自行使用，有小毒）。

在西方，它象征“守护幸福”；日本庭院中常将其与竹篱相伴，营造侘寂之美。内蒙古草原上，牧民视其蓝色花朵为天空的碎片，传说捡到九瓣翠雀就能获得勇气。如今园艺家们培育出粉、白、渐变色等品种，但野生翠雀那份山野灵气始终无可替代。

Clematis macropetala

11

山林石崖 抗冻的『蓝莲花』

长瓣铁线莲

毛茛科铁线莲属　木质藤本
长约 2m　花期 6 月
观赏植物 / 干旱岩石上

长瓣铁线莲，“长瓣”是它与铁线莲家族其他成员外形上的区别。它是中国华北、西北山地的土著居民，专挑石灰岩悬崖安家。蓝紫色花瓣长达 5 厘米，花蕊中心藏着金黄色的“彩蛋”——退化雄蕊变身花瓣状，形成双层惊喜。羽状复叶自带攀岩钩，叶柄遇到支撑物便螺旋缠绕，比登山扣还牢靠。带着飘逸银丝的瘦果，乘风飞行。

长瓣铁线莲能耐受零下 40℃的低温，被大风吹弯后，夜间能自动恢复原状，比弹簧还智能；且紫外线越强，花瓣分泌的蜡质越多，保持颜色鲜亮如初；它的根部释放芥子油苷，可抵御啃叶害虫。

Aster hispidus

狗娃花

大俗 大雅

12

菊科紫菀属 一年生或二年生草本
高 30 ~ 150cm 花期 7 ~ 9 月
观赏植物 / 药用 / 荒地路旁 林缘草地

狗娃花

你小时候玩过这种游戏吗？就是在花期对着狗娃花喊上两声“小狗要出来了”，非常神奇的一幕就出现了——黄色的花心会立马转出几只形态如狗娃的小虫子，或许因为这个原因才会取这个名字吧。其实这就是一个常见的生物现象。有些昆虫会在产卵期爬到狗娃花中，将卵产到狗娃花的花心中，狗娃花盛开之际，就是这些虫子长大的时期。这个时候人们一喊，里面的虫子受到人为的干扰，就会从花心中爬出来。

狗娃花虽然名字“土”了一点，但是颜值和其他野花相比毫不逊色，白色花瓣展开，中间则是黄色花心点缀其间，看上去野趣十足。

狗娃花通常有两种颜色：一种浅紫，一种白色。它与另一种菊科植物马兰的花特别像，主要靠叶区分，狗娃花的叶通常是披针形，而马兰的叶是倒卵形，且有羽状裂片。

好看还不挑环境，狗娃花生长在海拔 2400 米的荒地、路旁、林缘和草地，其分布范围包括中国北部、西北部和东北部各省。据《中华本草》记载，狗娃花药性为味苦、性凉，具有消肿和解毒的功效，特别对于蛇虫咬伤、痤疮等治疗效果非常显著。狗娃花花期长，非常适合作为插花。

Lobelia chinensis

不完美
是真的美

13

半边莲

桔梗科半边莲属　多年生草本
高 10 ~ 40cm　花期 5 ~ 10 月
观赏植物 / 药用 / 水湿地

在民间也叫它瓜仁草、细米草，或者是急解索。茎秆纤细，多匍匐在地面生长，而在茎秆上又有很多的节，节上会生根。叶子椭圆状披针形，看起来很像瓜子仁，所以叫它瓜仁草。而最神奇的地方在于，它的花朵像莲花，但是却只有半边，就像是另外一半被人砍掉了。

半边莲在国内主要分布在长江中下游及以南各地，多数都是在有水的地方，比如在稻田附近、河边、水塘边，或者是沼泽地周边等。

在民间，半边莲作为中药的知名度比较高。有一句相当经典的农谚“有人识得半边莲，夜半可伴毒蛇眠”。这个说法虽然很夸张，但凸显出了半边莲是毒蛇的克星。另外它还用于治疗肝硬化腹水、晚期血吸虫病腹水、阑尾炎等病。

半边莲确实有很好的驱赶蛇虫的作用，如果在房子四周或者是院子里栽种一些半边莲，一般的蛇虫都不会靠近，在夏季的时候甚至连蚊虫都要少很多。

半边莲是一种具有较高观赏价值的植物，其特点是四季常青、花繁叶茂且色彩丰富。

Pulsatilla chinensis

是药翁，也是颜值翁

14

白头翁

毛茛科白头翁属　多年生草本
高 15 ~ 35cm　花期 4 ~ 5 月
观赏植物 / 药用 / 山坡草丛 林边坡地

相传华佗发现一村庄村民因痢疾而痛苦不堪，他采集了一种开着小白花、结籽后花蕊如白发老翁的植物，熬制成汤剂分给村民服用，不久之后，村民们竟神奇地痊愈了。从此这种植物被命名为“白头翁”，并在民间广泛流传开来。

白头翁春季开花，花谢后残留白色茸毛状花柱，犹如老翁白发。白头翁的根状茎粗 0.8 ~ 1.5 厘米，叶片呈卵形，花萼蓝紫色，是一种既耐寒又喜欢凉爽气候的植物。它的根是有名的中药材，《神农本草经》记载，其具有清热解毒、凉血止痢的功效。性味苦、寒，归胃、大肠经。现代研究表明，白头翁含有白头翁皂甙、白桦脂酸等化学成分，具有抗菌、抗炎、抗氧化等药理作用。

白头翁分布在吉林、辽宁、河北、山东、河南、山西、陕西、黑龙江等地的山岗、荒坡及田野间，是北方开放最早的花之一，可以赏花，又可观果，是理想的地被植物。

Impatiens noli-tangere

女性好闺蜜
指甲花，
水边

15

水金凤

凤仙花科凤仙花属　一年生草本
高 40 ~ 70cm　花期 7 ~ 9 月
观赏植物 / 药用 / 山坡林下 林缘草地

民间都习惯叫它“指甲花”。咋听名字觉得陌生，但是一见到实物你就觉得特别眼熟。它的花长得像霍格沃茨魔法学校的分院帽，和凤仙花是亲戚，但是水金凤需要的生活条件要比凤仙花复杂一些。

凤仙花在可以生长在干燥的地区，但是水金凤就不一样了，必须生活在水边，比如河流附近和小溪旁边。凤仙花的颜色是一种鲜艳的红色，而水金凤的颜色是一种华丽的金黄色。基于其习性和花的颜色，而得名水金凤。

据《天目山药用植物志》记载，水金凤整株都可以作为草药，具有活血化瘀的作用，还可以祛除风寒，对一些月经不调的女性很有帮助。但水金凤全草有小毒，使用时一定要遵医嘱。

水金凤花朵虽然不大，但是颜色艳丽，花形也很奇特；果实造型新颖别致，修长飘逸，成熟时在外力的触碰下会迅速炸裂，非常有趣。植株耐水湿、抗阴冷，可用作花坛、花境及水景绿化，也可以作切花。

水金凤几乎遍布我国各地，生命力极其顽强，很容易成活，常生长于山坡林下，林缘草地或沟边。

Clematis heracleifolia

16

这位『藤本皇后』很特立独行

大叶铁线莲

毛茛科铁线莲属　多年生草本或半灌木
高达 1m　花期 8 ~ 9 月
观赏植物 / 药用 / 山坡沟谷 林边灌丛

大叶铁线莲在铁线莲家族中比较“特立独行”，一般的铁线莲多为攀缘植物，它是少有的直立型草本或半灌木，茎比较粗壮，近 1 米高；叶片比较大；聚伞花序，花朵蓝色。这些特点就比较容易将其和其他铁线莲属植物区别开。

大叶铁线莲原产我国，多分布在华北山区。它喜欢潮湿阴凉的环境，既抗寒又耐热，适应性很强，绿期长，从 4 ~ 11 月都是绿油油的。最为可爱的是，秋天它的花就变成了绒球状，其实是要结果了，果实上长长的丝好像绒线一般，聚在一起就像是绒线球了，别具观赏价值。

大叶铁线莲还有一个外号“气死大夫”，主要因为全草及根都可供药用，有祛风除湿、解毒消肿的作用，对治疗风湿关节痛、结核性溃疡等有疗效。其种子含油量高，种子油可作油漆用。

需要注意的是大叶铁线莲有一定毒性，尽量不要触碰或者自己采食药用。

Nepenthes mirabilis

17

雨林里的『捕虫能手』

猪笼草科猪笼草属　多年生草本
高 50 ~ 200cm　花期 4 ~ 11 月
观赏植物 / 药用 / 沼地灌丛 草地林下

猪笼草

在热带雨林中，有一种特别的“陷阱”，它外表可爱至极，却是很多小昆虫的噩梦。它就是猪笼草。

猪笼草因其捕虫囊的形状酷似猪笼而得名。捕虫笼笼唇部分为红色，鲜艳而醒目，表面会分泌出类似花蜜一样的蜜汁，吸引喜欢吃甜食的昆虫，比如蚂蚁、苍蝇前来取食，但是笼唇至笼壁都十分光滑，就连苍蝇都站不住脚，一旦被引诱过去几乎难以逃生，失足掉落进笼子里后，等待它们的将是笼子底部的消化液可将虫子的尸体分解而获得营养。

关于猪笼草还常有这样一个误解，很多人以为笼子顶端的盖子会在虫子掉下去之后立马合起来，免得虫子逃走。其实不然，掉落的虫子根本无法逃脱，笼盖的作用是防止下雨的时候，过多的雨水灌进笼子，而不是阻止虫子逃走。

猪笼草喜欢温暖、湿润、半阴、强散射光的环境，对于昆虫来说它是陷阱，对人来说却是益处多多。《陆川本草》中称其具有消炎、解毒、行水的功效；而《广东中药》则提到它可以清肺部燥火，治咳血。因变态叶所形成的捕虫囊形状奇特、色泽艳丽，如今被广泛用于园艺观赏。

Duchesnea indica

我很友好
不邪恶

18

蛇莓

蔷薇科蛇莓属 多年生草本
高 10 ~ 20cm 花期 6 ~ 8 月
观赏植物 / 药用 / 山坡 河岸 草地

这果能吃吗？好吃吗？蛇莓就是一个经常被人问起的明星物种。它长着一张草莓的脸，是草莓的远房亲戚，很多时候被称作野草莓。

红彤彤的“果实”在草丛中异常醒目，这个“果子”其实不是果实，是花托，而花托上的芝麻粒儿一样的小硬颗粒，才是真正的果实。这是蛇莓和草莓共同的特征。它们用富含营养的肉质花托，吸引动物来取食，从而借助动物的消化系统，传播种子。

但区别也很明显。最典型的区别在花朵上，蛇莓的花是黄色的，而草莓的花则是白色。另外一个区别是萼片，蛇莓的花托外侧一圈扑克牌“草花”形的是副萼片，内侧一圈尖尖的是萼片，蛇莓的副萼片要比萼片大，而草莓的副萼片比萼片小一点。

蛇莓到底能不能吃？有些是可以的，只是味道很淡。虽然蛇莓的果子不够可口，但可以用于制作蜜饯、果酱等食品。蛇莓还可以作为优秀的草坪和绿地植物。此外，蛇莓还有清热解毒、凉血消肿的作用，对烫伤，还有痢疾、咽喉肿痛，都有很好的作用。

Lobelia nummularia

果实像铜锤，好看药效高

19

铜锤玉带草

桔梗科半边莲属　多年生草本
高 30 ~ 60cm　花期全年
观赏植物 / 药用 / 田边路旁 草坡疏林

铜锤玉带草的名字相当直白，又极富韵味。铜锤，自然指的是它结的果实了，长得有几分铜锤范儿，小巧可爱，果实颜色着实好看，是富有光泽的紫色，确实有一种金属般的质感，加上那长长的果柄，真是像极了一柄紫铜大锤。玉带大概指的是其花朵（也有人说是根白如玉），花开 5 瓣（实为 5 裂花冠），花瓣白色，中央带紫色条纹。

铜锤玉带草都是丛生的，一长就是一大片，非常壮观。叶子有点像破铜钱，茎呈匍匐状生长，一节一节的，而且在每一节上会生长出须根来，扎进泥巴里面吸收养分。

我国的西南、华南、华东及湖南、湖北、台湾和西藏等地区都可以找到它的身影。它一般生长于田边、路旁以及丘陵、低山草坡或疏林中的潮湿地，别名有还地茄子草、翳子草、地浮萍、扣子草、马莲草、铜锤草等。

铜锤玉带草全草可入药，主治风湿疼痛、月经不调、无名肿痛等多种疾病，具有清热解毒、祛风除湿、活血止痛等功效。嫩茎叶可作为野菜，是天然的除湿菜，或者晒干用来泡茶，具有清咽凉血的功效。果实也可以食用，非常适合制作果酱。果实奇特美观，花期长，一年四季均可见花，非常具观赏性。

Sagittaria trifolia

20

野慈姑

泽泻科慈姑属　多年生水生草本
高可达 1m　花期 5 ~ 10 月
观赏植物 / 药用 / 水湿地

说起野慈姑，大家首先想到的是那种常见的江南水菜，被誉为“江南水八仙”之一的慈姑。慈姑是野慈姑经过栽培繁育后的一个变种，野慈姑比慈姑的植株要小，叶片更纤细。

野慈姑属泽泻科慈姑属，其学名很形象地描述出它的外形特征，Sagittaria 是“箭形”的意思，trifoliata 则表示“三小叶的”，合起来就是“箭形三小叶”，也就是它的叶子形状。野慈姑有很多“小名”，如剪刀草、燕尾草、水慈姑、慈姑苗等，都是因其外形而得。野慈姑适应性强，在湖泊、池塘、沼泽、沟渠、水田等水域都能生长很好。但如果它在水稻田里出现，就很不讨喜了，因为作为杂草会影响水稻的生长。

5 ~ 10 月是野慈姑的开花结果期，其花瓣白色，花药黄色，花朵小巧可爱，有一定的观赏性。它也是一味中药材，具有清热解毒、凉血消肿的功效，用于黄疸，瘰疬，蛇咬伤等治疗。《贵州草药》对其有记载：“性寒，味甘”“清热解毒，凉血消肿”。清代《分类草药性》则称其可“治蛇伤，敷一切恶毒疮”。

Sagittaria pygmaea

是稻田杂草，用好也是宝

21

泽泻科慈姑属　一年生水生草本
高约 30cm　花期 6 月
观赏植物 / 药用 / 水湿地

矮慈姑

泽泻科慈姑属的矮慈姑和野慈姑是同科同属亲兄弟，都是稻田主要杂草，初生叶均大致呈条状，较易混淆。矮慈姑从小到大叶一直为条形，叶肉海绵样，叶脉网格状，开花前茎不伸长，植株一直很矮。野慈姑初生两三片叶后，新发生的叶出现箭头状叶片，植株会长得较高大，常超出稻叶。

矮慈姑匍匐茎细小，末端常会形成新的小球茎以产生新株。花单性，花瓣白色，近乎圆形，花药为黄色。瘦果两侧压扁，具翅，近倒卵形，背翅具鸡冠状齿裂。

矮慈姑生长环境包括沼泽、水田和溪流浅水处。常早春萌发，耐阴，常大量发生，是稻田恶性杂草。它原产于亚洲，分布于朝鲜、日本、越南、中国等地。可于庭园水景边缘种植。无论是地栽还是盆栽，均能够给环境增添野趣。它也可以用作沉水植物。

《本草纲目》等古典医籍中称矮慈姑的全草可入药，味淡，性平和，具有清热解毒、促进血液循环和利尿的功效，主肺热咳嗽、咽喉肿痛、小便热痛、烫伤、蛇伤等。熟透的矮慈姑可以作为猪、牛、马、羊等家畜的饲料。

Oxalis corniculata

22

自带『醋味包』的小确幸

酢浆草

酢浆草科酢浆草属　多年生草本
高 10 ~ 35cm　花期 2 ~ 9 月
观赏植物 / 药用 改良 / 广布

无论从学名，还是从中文名，都能看出这种植物跟“酸”联系紧密。酢读作“cù”时，同醋，属名 *Oxalis* 源自希腊语，与 oxus（意为“酸的”）有关。也难怪，它的茎叶里藏着柠檬酸、酒石酸、苹果酸等多种酸，所以它的别名也都带着“酸”：酸箕、三叶酸草、酸母草等。

但真正让酢浆草出圈的，是它偶然出现的四叶变种——每十万株三叶酢浆草里才会出现一株“四叶幸运草”，这让它成为比肩西方三叶草的“幸运图腾”，据说谁能遇到四叶的酢浆草，就能获得好运和幸福。

酢浆草个子不高，小叶心形，花朵色彩鲜艳，野生者多为黄色，但近年培育出了大量的色彩斑斓的园艺栽培种。它偏爱温暖湿润的环境，夏季炎热时需遮阴避暑，且有短期休眠习性。对土壤的要求不高，因此随处可见。

传统医学认为酢浆草可清热解毒、消肿散疾，尤其在治疗麻疹、蛇毒、疥疮等疾病上具有很好的功效。《本草纲目》中记载，酢浆草能“杀诸小虫。恶疮，捣敷之。食之，解热渴”。除此以外，酢浆草还是蝴蝶、蜜蜂等昆虫的蜜源植物；还能和根瘤菌共生，固定空气中的氮元素，提升土壤肥力。

Lysimachia christinae

许你一片「黄金地毯」

23

过路黄

报春花科珍珠菜属　多年生草本
高 10 ~ 30cm　花期 5 ~ 10 月
观赏植物 / 药用 / 沟边路旁 山坡林下

在报春花科这个大家庭里，珍珠菜属的过路黄以开花时那金黄色的花朵体现出自己的独特魅力。它还有个更“富贵”的别名——金钱草（因有的叶片圆似铜钱）。在民间传说里，它甚至被叫作“神仙对坐草”，说是神仙下凡时坐在它旁边聊天，叶片便成对生长。

过路黄是四季常绿的蔓性草本，全株无毛，近圆形的叶片对生，非常具有观赏性。茎平卧延伸，下部节间发出不定根，这一特点使得过路黄的铺展能力很强，可短时间内覆盖裸露地面形成绒毯状草坪；花单生于叶腋，花冠金黄色；蒴果球形，有稀疏黑色腺条。

过路黄耐踩踏、易繁殖，非常适合作为地被植物，种在庭院石缝或花坛边缘，只需保持土壤湿润、半阴环境，很快就能打造“土豪金”地毯。

过路黄还有丰富的药用价值。《本草纲目》等古书中就有关于它的记载，称其有清热解毒、利尿排石等功效。此外，它还可以作为饲料添加剂、绿肥等使用。

Lilium speciosum var. *gloriosoides*

24

药食同源，我才是『正主』

百合科百合属　多年生草本
高 60 ~ 150cm　花期 7 ~ 8 月
观赏植物 / 药食同源 / 阴湿林下 山坡草丛

药百合

每一种能被食用的百合都可以自称是药食同源的“药百合”，无非就是口感的甜糯还是沙苦，反正它们是为球茎而生，所以开着什么样的花朵总是被忽略。在中国有三大食用百合名品：开着橙色花朵的兰州百合、橙色花瓣带有黑色斑点的宜兴百合、白色花朵略被紫色的龙牙百合。翻卷着粉色花瓣的 *Lilium speciosum var. gloriosoides* 自豪地宣称：我才是药百合的正主。

其实它还有一个更鲜艳的名字——艳红鹿子百合，花瓣基部有斑驳的红艳斑点，被誉为“东亚最美丽的百合花”，是我国南方及台湾地区的特有种。变种加词 gloriosoides 意为“灿烂的、壮丽的”。据《广西药用植物名录》记载：药百合微苦，性平，具有润肺止咳、清心安神等功效。其实这和其他百合性质差不多，药百合的颜值更胜一筹，观赏价值更高。它生长在海拔 650 ~ 900 米的阴湿林下和山坡草丛中。目前在国内多为野生状态，花朵大而艳丽，花茎细长，是很好的鲜切花材料，当然也很适合花园栽培。

药百合喜欢生长在肥沃、丰富腐殖质丰富、土层深厚、排水良好的微酸性土壤，最不适宜生长在硬黏土中。

Lilium pumilum

25

黄土高坡上的『野性超模』

百合科百合属　多年生草本
高 30 ~ 100cm　花期 7 ~ 8 月
观赏植物 / 药食同源 / 山坡草地 林缘

山丹

如果山野要举办“植物选美大赛”，山丹绝对会甩着六片火红的花瓣，踩着细长的茎秆摇曳登场——这株自带“烈焰红唇”的野百合，明明可以靠颜值，却偏要凭实力在贫瘠的土地上开出绚烂的生命奇迹。

“山丹丹的那个开花哟——红艳艳……”，这首脍炙人口的陕北民歌中的山丹丹，指的就是山丹。叠字称呼里透着老区人民对它的亲昵。这位百合家族的“山野佳人”，与卷丹、药百合等同科同属姐妹都很像，不同的是它是土生土长的“北方妹子”。

山丹，全名“山丹百合”，《本草纲目》描述：“其叶狭长似柳，花红似丹，故称山丹。”花朵通常为鲜红或橘红色，花被片反卷，没有斑点或只有少数斑点。鳞茎卵形或圆锥形，鳞片白色，叶线形且边缘有乳头状突起。《群芳谱》里赞美它“色艳香幽，为百合之冠”。跟其他百合科植物一样，山丹除了颜值高，还有润肺止咳、清心安神的功效。

Lilium lancifolium

虎纹皮肤的三栖明星

26

卷丹

百合科百合属　多年生草本
高 80 ~ 150cm　花期 7 ~ 8 月
观赏植物 / 药食同源 / 林下草地 路边水旁

卷丹——其花瓣反卷如浪，花色朱红似丹，故得名卷丹。花瓣上的斑点花纹让古人脑洞大开，日本叫它“鬼百合”，中国民间称“虎皮百合”。

卷丹可是个混血儿，老家在日本的山丘田野，后来漂洋过海来到中国，成为全国山坡林下的野生常驻户。其叶腋下藏着紫黑色珠芽，风一吹就满地滚，落地生根秒变新植株，身高 1.5 米的茎秆披着紫色条纹衫，被绵毛，仿佛穿了件限量版扎染毛衣。它怕冷，冬天必须保持 5℃以上。

早在《神农本草经》就把卷丹列入养生套餐，李时珍在《本草纲目》中描述：“红花带黄而四垂，上有黑斑点者，卷丹也！”宋朝《本草图经》吐槽过它花太艳，“不堪入药”，结果被现代人啪啪打脸——江苏人用它做药膳吃得欢着呢。叶腋掉落的紫黑珠芽煮熟后口感像嫩蚕豆，很是美味。

卷丹鳞茎淀粉含量高达 29.7%，煮粥软糯清甜，晒干磨粉能做百合糕，日本人甚至拿它当“白色年糕”涮火锅。卷丹可润肺止咳、清心安神，现代研究还发现它的秋水仙碱能防癌细胞，肿瘤患者放疗后吃它很滋补。盆栽能长到 2 米高，开花时整株宛如火焰瀑布，看了就想拍照发朋友圈。

Lilium concolor var. *pulchellum*

我骄傲

我有斑，

27

百合科百合属　多年生草本
高 100 ~ 150cm　花期 6 ~ 7 月
观赏植物 / 药食同源 / 阳坡草地 林下湿地

有斑百合

有斑百合身上有百合科的美人基因，花被片上还带着紫黑色的小斑点，就和长着雀斑的小公主一样可爱、有性格。这火红的百合偶尔出现在山间林下，不像山丹那么低垂着，它们都很昂扬、挺秀，甚至个别的会很“高调”，周围没有任何其他草叶的掩护。

有斑百合和山丹、卷丹都是同科同属姐妹，自然是很像的。如何准确叫出孪生姐妹的名字呢？有斑百合被片不反卷，上有斑点。山丹和卷丹的花被都反卷，但山丹没有斑点和珠芽，卷丹有斑点和珠芽。还有一个很有趣的现象，高原草甸上有斑百合的苞蕾有茸毛，为了防寒，它穿上了薄款羽绒服，还挺冷暖自知的。

这种植物分布于中国、朝鲜和俄罗斯。在中国主要分布于河北、山东、山西、内蒙古、辽宁、黑龙江和吉林等地，生长在海拔 600 ~ 2170 米的阳坡草地和林下湿地中。

有斑百合一般秋季采挖，洗净除去茎叶，剥取鳞片，置沸水中略烫，晒干后备用。味甘、性平，具有润肺止咳、宁心安神的功效，主治肺虚久咳、痰中带血、神经衰弱、惊悸失眠等。

有斑百合具有艳丽的花色，可以作切花，也可以用于花坛、花境、岩石园、草坪、公共绿地等处的边缘点缀。花朵中含有芳香油，可用作香料。

Gomphocarpus fruticosus

刺毛「小气球」

28

钉头果

夹竹桃科钉头果属　灌木
高达 2m　花期夏季
观赏植物 / 药用 / 华北 云南

真的是很稀罕，植物的果实竟然像个小气球似的，圆鼓鼓的，用手轻轻一捏就扁了，稍后还能复原，这种可爱又稀奇的植物就是夹竹桃科钉头果属灌木。名字也与果形有关，果实表面长着的粗毛，好像钉子一样，所以被叫作“钉头果”。它的果实成熟后能自行裂开，每粒种子上附生着银白色茸毛，随风飘散。因此，它还被称为气球果、河豚果、唐棉等，皆为“象形”名。因其可爱的造型，钉头果作为观果佳卉成了花卉市场的宠儿，它的观赏期长，买回家插入花瓶装点家居，很是出彩。

钉头果在我国华北、云南等地都有栽培，有一定的药用价值，《全国中草药汇编》和《新华本草纲要》等医学典籍中均有记载，其味甘、性平，具有健脾和胃、益肺的功效。主要用于治疗小儿呕吐、不思纳食、肺痨咳嗽等症状。

Melastoma malabathricum

热带雨林的『野性美人』

29

印度野牡丹

野牡丹科野牡丹属　灌木
高 50 ~ 100cm　花期 3 ~ 7 月
观赏植物 / 药用 织染 / 山坡灌丛 疏林下

牡丹被誉为“花中之王”。印度野牡丹，听名字就知道它一定不是低调的花儿，这位来自热带雨林的“野性美人”，外表艳丽，让人一眼难忘。

仔细观察就会发现，让它在众多野花中独树一帜的是它的花。雨季一来，粉紫色的花朵便像小伞兵一样“啪”地撑开，自带防水涂层的花瓣在暴雨中反而越发光亮，艳丽得让人一见倾心，花蕊也是别具一格，雄蕊分布在花瓣的两边。春至夏初开花，秋季结果。蒴果坛状，果皮爆裂后露出蓝莓般的果肉，吃完后舌头会被染成紫黑色。

印度野牡丹最爱躲在潮湿的山坡或林缘，生长在海拔 150 ~ 2800 米的山坡灌草丛中或疏林下，花瓣在酸碱度不同的土壤中会变色，园艺爱好者用它当“土壤 pH 检测仪”。其根和叶具有药用价值，可消积滞、收敛止血，用于治疗消化不良、肠炎腹泻、痢疾便血等症状；叶捣烂外敷或研粉撒布，治外伤出血。果实汁液是天然染色剂，泰国传统工艺用它给丝绸染出梦幻紫。

Echinops davuricus

脾气有点
躁的
小可爱

30

菊科蓝刺头属　多年生草本
高 30 ~ 60cm　花期 6 ~ 9 月
观赏植物 / 药用 蜜源 / 山坡草地 疏林下

蓝刺头

蓝刺头为菊科蓝刺头属多年生草本，复头状球形花序，别致可爱，淡蓝色，有金属光泽，花市里的商品名称“蓝星球”，是特别受欢迎的装饰家居的鲜切花和干花。

蓝刺头为高海拔草甸和山地特有的野生花卉，全身带刺，是一种非常有个性的野花，又因驴吃扎嘴，又名“驴欺口”。其自然分布于我国东北、内蒙古、甘肃、宁夏、河北、山西、陕西和新疆天山地区，适应力强，耐干旱，耐瘠薄，耐寒，喜凉爽气候和排水良好的砂质土，忌炎热、湿涝，可粗放管理，是一种良好的夏花形宿根花卉。

蓝色的花球非常醒目，是一种优良的蜜源植物，被应用于庭院打造和花境搭配时，可营造出一种梦幻的浪漫景观。蓝刺头还可以制成干花，一束束用漂亮的带子扎起来，自带文艺气息。

蓝刺头的根、花序、果实和种子皆可入药，具有清热解毒、排脓止血、消痈下乳的功效。

Iris dichotoma

植物界的彩虹女神

31

野鸢尾

鸢尾科鸢尾属　多年生草本
高 20 ~ 50cm　花期 7 ~ 8 月
观赏植物 / 沙质草地 山坡石隙

野鸢尾因为花朵形似鸢鸟的尾巴而得名。古希腊神话中，彩虹女神伊里斯（Iris）是众神的信使，她的形象常常被描绘成手持鸢尾花的样子。因此，这种花就被命名为 Iris。在欧洲，野鸢尾是贵族和皇家的象征，经常被用来装饰宫殿和花园。

难怪鸢尾被赋予这么多的文化意义，它确实颜值高，花朵色彩斑斓，有红、黄、蓝、紫等各种颜色，花瓣上还有一道道像豹纹一样的斑纹，看起来就像是“时尚达人”。叶子也是别具一格，它们像一把把剑，直指天空。但它并不娇气，沙质草地、山坡石隙等向阳干燥处都能生长，顽强得很。目前在园林中广泛应用。

而在中国被人熟知则更多的是因为其药用价值。它的根、茎、叶都有药用功效，根可以用来治疗风湿性关节炎，缓解疼痛；叶子则可以用来治疗眼部疾病，比如结膜炎、角膜炎等，而且它还有一定的抗炎、抗菌作用。

Iris lactea

盐碱地上的绿野战士

32

马蔺

鸢尾科鸢尾属　多年生草本
高 30 ~ 80cm　花期 5 ~ 6 月
观赏植物 / 先锋 / 荒地路旁 山坡草丛

一丛丛细长如剑的绿叶，夏初绽开淡紫色蝴蝶般的花，这就是马蔺它原产于东亚，在中国北方、蒙古、西伯利亚等干旱盐碱地扎根数千年。它天生“抗压体质”，能在贫瘠的土壤、烈日暴晒甚至轻度盐碱地中蓬勃生长。

“马蔺”之名藏着古人的智慧。“蔺”取自古代编席用的灯心草，因马蔺叶纤维强韧，同样可编织器物；它又名“马莲”，因古人发现马匹食其叶后精神抖擞；名字“旱蒲”则点明它如水畔菖蒲般优雅，却无须依赖水源。

早在《诗经》中，马蔺便以“荓”为名，成为先民生活的见证。古代孩童用它的长叶玩“斗草”游戏，西北百姓将种子串成门帘祈福。在民间草志《本草图经》对其有记载：“叶似薤而长厚，三月开紫碧花，五月结实作角子，如麻木而赤色有棱，根细长，通黄色，人取以为刷。”很贴切地描述出马蔺的特征。

马蔺常生长在荒地、路旁、山坡草地，特别是盐碱化的草场上。抗旱、耐盐碱，还能抵御杂草和病虫害的侵袭，是植物中的“小强”。因为颜值高，如今也广泛应用于园林绿化之中。而且人们很早就用马蔺来编织绳索、草席，其草席丝滑、柔韧。

Platycodon grandiflorus

33

可赏亦可药

桔梗

桔梗科桔梗属　多年生草本
高 30 ~ 120cm　花期 7 ~ 9 月
观赏植物 / 药用 可食 / 阳处草丛灌丛 疏林下

桔梗得名与其根部特点有关，《本草纲目》曰：“此草之根结实而耿直，故名桔梗。”在王安石《北窗》中“病与衰期每强扶，鸡壅桔梗亦时须”之句，透露出桔梗在古人生活中的地位，既是药材，也是生活中的一份寄托。

桔梗原产于中国，是桔梗科桔梗属的多年生草本植物，较耐高温，亦较耐寒冷，但不耐严寒酷暑。叶片呈卵形、卵状椭圆形或披针形，叶边缘呈细锯齿状。花冠一般为合瓣花，呈蓝紫色或白色，形状如钟，花苞未开时，小朋友常来拍着玩，其响声如炮仗。果实球状、倒卵状。桔梗喜欢阳光充足、湿润的环境，花果期为 7 ~ 10 月，目前广泛应用于园艺中。

桔梗因其药用价值而被人熟知，《神农本草经》中记载了其功效：“味辛，微温。主胸胁痛如刀刺，腹满肠鸣幽幽，惊恐，悸气。”常用于治疗咽痛、声音嘶哑、咳嗽咳痰等症。新鲜的桔梗根还可以作为蔬菜食用，桔梗咸菜是朝鲜族的特色美食之一。

Mussaenda pubescens

靠叶子出道的实力白富美

34

玉叶金花

茜草科玉叶金花属　攀缘灌木
花期6～7月
观赏植物/药用/路旁灌丛

玉叶金花顶着"金花"的艺名，却靠5片白玉般的叶子出道——玉叶其实是进化的萼片，真正的金色花被簇拥在中间。广东人也叫它"白纸扇"，福建人又叫它"白蝴蝶"，台湾人更直接喊它"玉叶"，都是因为那抢眼的白色萼片。

人家早在古代就是医美"博主"的心头好。南宋人民发现，用它的根煮水能治皮肤溃疡，叶片泡茶专治咽喉肿痛。清代《植物名实图考》把它画得比本尊还仙气飘飘。

你以为人家只是药材？园林设计师抢着要它当活窗帘，它的爬墙速度很快。云南咖啡庄园用它当遮阳伞，咖啡豆在它的阴凉下慢熟出顶级风味。更称奇的是，它的白萼片会随季节变色，春天翡翠白，夏天象牙白，秋天珍珠白。

Begonia grandis subsp. *sinensis*

秋日里的『相思红』

35

中华秋海棠

秋海棠科秋海棠属　多年生草本
高 20 ~ 40cm　花期 4 ~ 11 月
观赏植物 / 药用 可食 / 石壁山谷 荒坡阴湿处

在北方山区潮湿的岩石、石壁及山谷中，有一种美丽的植物，它的植株细细弱弱的，茎为肉质，叶片心形，开粉色的小花，因花柄细长，聚伞花序常呈下垂状，仙女范儿十足。它所在的属内众多姐妹种被开发出大量杂交种和栽培变种，其中一些种类已经被广泛应用于城市绿化和家庭园艺观赏。而它，还在山间自由生长，每年夏秋季开放，为山崖石壁增添了一抹风景，它就是——中华秋海棠，是我国土生土长的秋海棠。

中华秋海棠的药用记载最早见于赵学敏编撰的《本草纲目拾遗》：以植株和块根入药，具有发汗、治疗筋骨疼、毒蛇咬伤的功效。药材名称为黑白二丸，黑指黑色的老块根茎，白为白色的新生块根茎。新鲜的中华秋海棠有可口的酸味，入口酸爽，无异味，也是一种很好的调味剂。

秋海棠球形的块茎可以储藏营养并兼有繁殖的作用。凭借这个地下营养器官，可以在环境不适宜生长时进入休眠，而安然度过寒冷的冬季或躲过干旱少雨的旱季。

在古代，人们认为秋海棠叶代表着丰收、富贵和吉祥。因此，很多艺术品都以秋海棠叶为主题，如剪纸、刺绣、雕刻等。

Campanula punctata

好看
浪漫还不
傲娇

36

紫斑风铃草

桔梗科风铃草属　多年生草本
高 20 ~ 100cm　花期 6 ~ 9 月
观赏植物 / 山地林中 灌丛草地

大自然创造了众多如风铃般的花卉，其中在形神方面最贴切的是桔梗科风铃草属的植物。这个家族大多数的花朵都犹如风铃，并由此得名。其属名 campanula 与英文名 Bellflower，均有“铃铛”的意思。在英国，人们认为风铃草的花朵像天主教坎特伯雷寺院朝圣者手摇的铜铃，因此又把它称为“坎特伯雷之钟”。

紫斑风铃草生长在山地林中、灌丛和草地中。在南方是常绿植物，全年保持绿油油的状态，北方冬季会落叶，不过主要还是以观花为主，它的花朵和名字一样美，花形似铃铛，白色，花序稍长，悬挂在枝头，微风袭来，轻盈摇曳，仿佛会发出清脆的铃声一般。一般每棵一个主花杆，主杆上长满花枝，每枝都聚满一簇簇的铃铛花朵，花姿优雅美丽。

如果你是新手花友，养紫斑风铃草就对了。这种花生性皮实，耐热、耐寒，又耐阴，还比较耐干旱，很适合北方有庭院、花园的花友种植。耐阴性也不错，在光照相对不足的北阳台、封闭阳台内也能正常生长、开花。

在民间，紫斑风铃草全草入药，采收后除去泥土杂质，晒干后使用。其味苦性凉，主要含有风铃草素、菊糖等有效成分，具有清热解毒、止痛功效。

Tricyrtis pilosa

我长『雀斑』自有道理

37

黄花油点草

百合科油点草属　多年生草本
高达 100cm　花期 7 ~ 9 月
观赏植物 / 药用 / 山坡林下

黄花油点草，仅听其名字你会觉得没啥了不起的。其幼年植株也的确很普通，甚至因为叶子上斑斑点点，似散落的油污而有些讨人嫌。但是等其长大开花后，你会惊艳于它美丽的容颜，真可谓“女大十八变”，此时斑斑点点的老叶看上去也是美丽的点缀了。

实际上，黄花油点草基部老叶的油斑，是植物为了保护幼年期不受外界生物伤害的色变，是植物维系生存的一种自我保护，长大后茎枝上的新叶或嫩叶就不再有油斑了。

黄花油点草为百合科油点草属多年生草本植物，黄色的花朵高高挺立在茎枝上，仿佛一只只蝴蝶正在采蜜，其优美的株形、隽秀的叶片以及造型奇特的花序，堪称颜值担当。叶片卵圆形，二歧聚伞花序顶生或生于上部叶腋，花疏散，由绿白色变为淡黄色至近黄色。蒴果直立，长 2 ~ 3 厘米，呈三棱状。

黄花油点草主要分布在我国西南、西北、华北、中南等海拔 280 ~ 2300 米的山坡林下，在北京延庆、怀柔的林下也时有可见。全草及根入药，性味甘、淡、平，具有安神除烦、活血消肿之功效，可治疗肺痨咳嗽。

Polygonatum odoratum

38

内形兼具的林中珍宝

玉竹

天门冬科黄精属　多年生草本
高 30 ~ 60cm　花期 5 ~ 6 月
观赏植物 / 药用 / 林下 山野阴坡

玉竹的英文名字听起来就很神圣的样子：Solomon's Seal（所罗门封印）。据说这个名字的由来是因为其根茎节部分有圆形的疤痕，类似所罗门王的象征印记，因而得名。其属名来自希腊语 poly，意思是“许多的”，gonu 意思是“膝关节”——这是指玉竹埋在地下的有节根茎，也是它入药的部分。种加词 odoratum 的意思是“有香味的”。

天门冬科黄精属的玉竹在中国分布非常广泛，主要分布于东北、西北、华北、华东、华中、华南等地区。在我们的餐桌上和中药店的药柜里经常能见到它的身影。

其实我们中国人最熟悉的是它的药用价值。《神农本草经》将其列为上品之药。《本草纲目》中对其如是记载：“其叶光莹而像竹，其根长而多节，故有玉竹、地节诸名。”它还是常用的煲汤药材，配搭沙参、薏米、淮山、桂圆、百合、莲子等，即成著名的清热祛湿汤水“清补凉”。

玉竹生长在海拔较低的林下或山野阴坡。喜凉爽、潮湿和荫蔽的环境，不耐高温、强光和干旱。花期 5 ~ 6 月，其花朵颇有些铃兰的气质（确实它们是亲戚，都是天门冬科），一朵朵奶绿色、如玉铃铛一般挂在纤细的枝头。

Belamcanda chinensis

39

我不是弓箭手，是清热解毒小能手

射干

鸢尾科射干属　多年生草本
高 50 ~ 150cm　花期 6 ~ 8 月
观赏植物 / 药用 / 林缘 山坡草地

射干的“射”，可不读 shè，而读 yè。它是中国“原住民”，属于鸢尾科射干属多年生草本。它那挺拔的花茎，像极了古代弓箭手的箭矢。

射干的叶子像一把把利剑，直指天空，显得英姿飒爽。夏天的时候，它会开出橙红色的花朵，花瓣上还有深红色的斑点，像极了舞动的火焰，在绿叶的衬托下格外醒目。它的根状茎长得像生姜，是入药的部位！

射干最厉害的本事就是清热解毒啦！它的根状茎里含有射干苷、鸢尾苷等成分，能抑制细菌和病毒，对咽喉肿痛、扁桃体炎、支气管炎等都有很好的效果。除了清热解毒，它还能活血化瘀，消肿止痛，古人还用它的根状茎来治疗跌打损伤和痈肿疮毒呢！《神农本草经》将其列为中品，说它能“主咳逆上气，喉痹咽痛”。《本草纲目》对它也赞不绝口，说它“清热解毒，利咽消肿”，是古代的“消炎药”。

现代科学研究还发现它不仅有抗菌、抗病毒的作用，还能抗炎、镇痛、抗肿瘤。射干还被广泛用于园林栽培观赏。

Trachelospermum jasminoides

不是茉莉
胜似茉莉

40

络石

夹竹桃科络石属　木质藤本
花期 3 ~ 8 月
观赏植物 / 药用 / 山野溪边 路旁林缘

因为它总是紧紧“络”在石头或者其他植物上生长，是“攀岩高手”，所以得名络石。

络石在中国传统文化中以其独特的花形和香气，被赋予了丰富的文化象征。它的花朵洁白如茉莉，姿态像旋转的小风车，十分可爱，因此又有“万字茉莉”的别称。在民间传说中，络石花树被赋予了神奇的力量，能够驱除邪恶，保护人们平安。

络石四季常青，花皓如雪，芳香清幽。茎触地后易生根，耐阴性好，是理想的地被植物。它适应性极高，喜欢阳光、耐旱、耐热、耐水湿，具有一定的耐寒能力。花多朵组成圆锥状。

络石的根、茎、叶、果实都可供药用。《本草纲目》中就描述了络石的生长习性和药用价值，称络石可以祛风通络、凉血消肿，主治风湿热痹、喉痹、痈肿、跌打损伤。古人还相信，长期服用络石能使人身体轻便、眼睛明亮、容颜润泽、衰老延缓，在古代是妥妥的“养生神器”。花还能提取“络石藤浸膏”，不过乳汁有毒。

山东、安徽、江苏、浙江、福建等地常见它。它在山野、溪边、路旁、林缘或杂木林中都可生长，亦可移栽于园圃，有着“不是茉莉，胜似茉莉”之誉。

Verbascum thapsus

草本

『擎天柱』

41

玄参科毛蕊花属　二年生草本
高达 150cm　花期 6 ~ 8 月
观赏植物 / 药用 先锋 / 广布北半球

毛蕊花

植物界的擎天柱毛蕊花，得名于其雄蕊的花丝上长有毛。根据《中国植物志》记载，它广布于北半球，在我国主要分布于西部地区。

毛蕊花植株高大，最高可以达到 3 米。毛茸茸的大叶子上顶着高出叶丛的花序，黄色的花生在长长的花柱上，所以有“一柱香”的美名。别名还有虎尾鞭、牛耳草、霸王鞭、毒鱼草等。

毛蕊花在春季新发的小苗也很有意思，浅灰绿色、毛茸茸的叶片呈莲座状排列。叶子背面有着细软的茸毛，犹如绒布一般柔软，所以在野外被用作厕纸。

《云南中草药选》记载了毛蕊花的药用价值：“味苦，性寒，具有消炎、止血、解毒的功效。”整株草都可以入药，对创伤性出血有很好的治疗效果，治疗肺炎、慢性阑尾炎效果也十分显著。

毛蕊花在中国的庭院和公园中常见，可以观赏花朵，与其他深绿色植物配合，布置混合花坛或作为花境背景。另外，毛蕊花喜欢比较紧实的土壤，是非常好的先锋植物，可以帮助改善土壤的板结情况。

Amana edulis

42

山林里的「春日先锋」

老鸦瓣

百合科老鸦瓣属　多年生草本
高 15 ~ 30cm　花期 3 ~ 4 月
观赏植物 / 药用 / 山坡草地 路旁

外形如此娟秀雅致的花儿居然配了个这么粗糙的名字。第一次见到老鸦瓣本尊时，惋惜之情油然而生。作为报春使者，天尚料峭的早春，通常在二月初立春前后，这野花儿便已悄然开放。

老鸦瓣植株简单，两叶一花。两片长条形的叶子中间一朵花，六片尖尖的白花瓣，背面均匀排列着巧克力色的纵条纹，柔弱的花葶长成各种姿态，配上自带仙气的花，袅娜生姿。那花也是颇有脾气的，光线不足的时候呈螺旋状收紧，只有在阳光灿烂的时候才完全打开。

老鸦瓣的美丽是短暂的，常常生长在落叶林中。早春时节，落叶树还没有生长出叶子和花，阳光透射到森林的下层，它们抓紧这个空档期间，快速地进行抽叶，开花，传粉。

老鸦瓣与郁金香同属百合科，之前还被分在郁金香属，近年来基于分子和系统发育证据才将其列入老鸦瓣属，被称作“中国郁金香”，颜值自然是有保证的。老鸦瓣属是东亚特有的类群，仅分布于我国的中东部、日本和朝鲜半岛。

老鸦瓣的鳞茎可供药用，其主要功效是活血化瘀、祛风止痛、消肿散结。可以用于治疗各种疼痛症状，如胸痛、腰痛、关节疼痛等。此外，老鸦瓣还具有一定的抗菌、抗病毒和抗炎作用，可以用于治疗感冒、咳嗽等疾病。需要注意的是，老鸦瓣具有一定的毒性。

Melastoma sanguineum

43

这位『甜娘』有点野

野牡丹科野牡丹属　灌木
高达 1.5 ~ 3m　花期 8 ~ 10 月
观赏植物 / 药用 可食 改良 / 坡脚沟边 湿润灌草丛

毛棯

毛棯（rěn）住在南方山野里，属野牡丹科，野牡丹属，别名甜娘、毛菍（niè）。和牡丹比，它浑身糙毛，叶片摸起来像砂纸，花朵却意外娇俏，紫红色花瓣配上亮黄色花蕊，像迷你烟花；秋季结出拇指大的浆果，成熟后黑紫色，表面毛茸茸，切开果肉血红，酸甜多汁。

在南方，它还有一堆外号：山菍、红爆牙狼（广东）、毛将军（广西）……每一个名字都透着山民对它又爱又恨的吐槽——果甜能吃，但枝叶糙得扎手。

南方地方志里没少提它！清代《岭南采药录》记载其根叶能“止血解毒”，山民常用来敷伤口；《陆川本草》说它果实“生津止渴”。民间还有传说：毛棯果染红的汁液是山神的胭脂，小孩吃了能长得红润健康。这种说法有科学解释——富含花青素和维生素 C，但部分人可能过敏，要注意。

毛棯果实酸甜可口，根和叶晒干煮水，能治腹泻、跌打损伤（现代研究证实含鞣质和黄酮类物质，是抗菌消炎的好手）。耐贫瘠、根系强，也是水土保持的“绿巨人”，还能吸引鸟类来吃果，促进种子传播。

Cynoglossum divaricatum

黏人善变的蓝朋友

44

大果琉璃草

紫草科琉璃草属　多年生草本
高 25 ~ 100cm　花期 6 ~ 7 月
观赏植物 / 药用 / 山坡草地 沙丘石滩

一种很皮实的植物，在荒草地、沙丘地、石滩地、山坡等相对贫瘠的地方都可以生长，对土壤、湿度、温度的要求都很低。其植株能长到 1 米高，整体看上去具纤柔之美。6 ~ 7 月开花，其花初期为蓝色，会渐变为紫色，最后变为胭脂粉色。果实也很有特色，果期大约在 8 月，果实卵形，上面长满了锚状刺，当有人或小动物从草丛中走过，那小小的果实就会偷偷地粘在衣服或者动物的皮毛上，被带到其他地方生根发芽。

大果琉璃草是紫草科琉璃草属多年生草本植物，分布很广，海拔 100 ~ 3000 米都能生长，在我国的新疆、甘肃、陕西以及东北、华北都能见到其身影。它还有两个很有意思的小名：展枝倒提壶、大赖毛子，更能体现它的形态特征。

大果琉璃草药用价值较高。《全国中草药汇编》中记载，其根入药具有清热解毒功效，主治扁桃体炎、疮疖痈肿。

Silene fulgens

剪开花瓣
只为
尽情拥抱秋日

45

石竹科蝇子草属　多年生草本
高 50 ~ 80cm　花期 6 ~ 7 月
观赏植物 / 药用 / 低山疏林下 灌丛草甸阴湿地

剪秋罗

剪秋罗真的像剪刀吗？它和康乃馨是亲戚（同为石竹科），有一样对生的叶，但独特的是它的花，由五片花瓣组成的橙黄色花，看起来就像有十片花瓣一样，那是因为它们的花瓣每一片看起来像被剪成了深“V”形，再加上花瓣的质感与颜色看起来像绫罗绸缎一般，因此得名为剪秋罗，又叫剪秋纱、汉宫秋。

那剪秋罗为何要把自己的花瓣“剪”开呢。因为这样深裂的花瓣有十足的好处，能让花显得更大，增大花的展示面积，吸引传粉昆虫过来传粉。

剪秋罗的名字带有一股淡淡的江南气息，不过它却偏偏生在北方，原产于中国，在东北、华北有分布。它通常生长在低山疏林下、灌丛、草甸等阴湿的地方。

剪秋罗的花朵鲜艳而优雅，花色为暗红或深橙色，花形呈流苏状，主要用于花坛、花境和岩石园的布置，也可以点缀园景，还可以盆栽或用作切花。

剪秋罗全草可入药，具有清热解毒、活血消肿的功能，主治肺炎、痢疾、牙痛、高血压、月经不调、痔疮等疾病。民间有人用它煮水喝，可以解除不少的病痛。

Silene banksia

46

夏日里的剪纸精灵

剪春罗

石竹科蝇子草属　多年生草本
高 30 ~ 90cm　花期 6 ~ 7 月
观赏植物 / 药用 / 疏林下 灌丛草地

剪春罗，这个充满诗意的名字，源自它独特的“剪纸花瓣”。古人看到它花瓣边缘整齐的裂口，脑洞大开地幻想是春风带着剪刀，把花瓣修剪成了艺术品。明代《本草纲目》里李时珍还给它起了个更直白的名字“剪红罗”，形容花瓣像被剪碎的红色绸缎。

作为石竹科家族成员，其茎秆像竹子般节节分明。每到五六月，它就会在枝头顶端绽放直径 3~4 厘米的“剪纸艺术展”。最有趣的是它的花瓣结构，每片红瓣都自带白色“蕾丝裙边”，像极了奶奶剪纸时留下的装饰性缺口。

古人不仅把它种在庭院观赏，还发现了它的隐藏技能。明代《救荒本草》记载其嫩叶可作野菜救急，现代研究则发现其根茎富含皂苷成分，民间仍用其煮水外敷缓解蚊虫叮咬。如今它更是园艺界的宠儿，从江南园林到北欧花境，这种会开“剪纸花”的植物，正在用传统美学征服世界。

Medinilla magnifica

来自神秘
雨林的
『园艺顶流』

47

粉苞美丁花

野牡丹科美丁花属　常绿灌木
高 1 ~ 2.5m　花期 4 ~ 6 月
观赏植物 / 热带雨林 林下草地

粉苞美丁花又名“宝莲灯”，传说中，宝莲灯是神仙的法器，能照亮黑暗、驱散邪恶。在中国古代文化中，莲花和灯笼都是非常重要的象征。莲花代表纯洁和高雅，灯笼则象征光明和希望，宝莲灯的外形恰好结合了这两种元素。它原产于菲律宾热带雨林，为野牡丹科美丁花属植物。

粉苞美丁花最引人注目的就是它一串串小灯笼般的花序，长长的花梗上，苞片层层叠叠，像极了古代宫廷里的华丽灯饰。叶片也很有特色，宽大厚实，表面光滑，像涂了一层蜡。观赏界的“顶流”当之无愧。花期长达数月，花朵华丽又不失优雅，是室内盆栽和花园装饰的绝佳选择。不过，养粉苞美丁花需要一点耐心，因为它喜欢温暖湿润的环境。

Kigelia africana

48

来自非洲的奇特「吊灯」

吊瓜树

紫葳科吊灯树属　大乔木
高可达 20m　花期 3 ~ 4 月
观赏植物 / 药用 用材 / 热带

吊瓜树是紫葳科吊灯树属常绿乔木。它还有些非常形象的别名。当它开花的时候，成串的花序下垂，每朵花鲜艳亮丽，宛若树上挂满了精美的吊灯，故又名吊灯树。当果实成熟的时候，经久不落，一条条纤细的枝条上悬挂着硕大果实，酷似炮弹，也有些像腊肠，说是吊瓜、吊灯也很像，所以又名腊肠树、吊灯树。

这种原产于热带的树木，喜欢温暖湿润的气候，在广州、厦门、西双版纳以及海南、台湾均有引种栽培。吊瓜树生长速度快，树形高大优美，四季常青，花果俱美，景观效果好，是庭园及小区绿化的优选树种之一。

吊瓜树的果实不仅长得好玩、好看，还好用，可以入药。树皮也可治皮肤病，而且其木材结构紧实，不易变形，耐腐，可作为家居板材使用。

Pteris multifida

49

潮湿角落的绿色守护

井栏边草

凤尾蕨科凤尾蕨属　蕨类
高可达 20 ~ 85cm
观赏植物 / 药用 可食 / 石缝 井边 墙根

蕨类像植物世界中的原住民部落，又像一个二次元的存在。今天登场的井栏边草，是一种极常见的凤尾蕨。

每一种蕨都个性独特而鲜明。井栏边草的羽片清秀而修长，形象地展示了它身为凤尾蕨家族成员的气质。它的叶子像凤凰的尾巴，也像鸡的爪子，没有地上茎，叶从根茎丛生，分成 5 ~ 7 片小叶，边缘有小锯齿，叶片两侧波状皱曲，能育叶也叫孢子叶，较窄、全缘，边缘下侧生孢子囊群，产生孢子。

井栏边草四季常青，喜欢温暖湿润和半阴湿环境。冬季可在不低于 5℃下越冬，生命力顽强，可在石缝、井边和墙根等处生长，主产长江流域以南各地。

井栏边草的全草可入药，味道淡涩，性凉，具有清热利湿、凉血止血、消肿解毒等功效。对于上火引起的咽喉肿痛、牙痛、头痛都有很好的治疗效果。

井栏边草营养丰富，有很高的食用价值。此外还具有很高的观赏价值，可盆栽观叶，装饰室内几案，也可作庭院和园林地被植物，还可配置山石盆景。

Cirsium pendulum

50

垂头低调的喷火杂技演员

烟管蓟

菊科蓟属　多年生草本
高达 3cm　花期 6 ~ 9 月
观赏植物 / 药用 / 山谷山坡草地 林缘林下 岩石缝隙

烟管蓟特别低调，总是垂着花头，像在思索着什么，但人们对它却有一个非常形象的描述——大自然的喷火器。当它被外界刺激时，比如被触碰或者折断时，会喷射出一种黑色的粉末，像耍杂技。这是它们自我保护的一种机制。

烟管蓟的形态特征十分独特。长长的茎秆加上弯头花，好似一个个烟袋锅子，杵在山谷中。这个“烟管”特别长，还带着羽毛状的装饰，这些“羽毛”就是烟管蓟的叶子，椭圆形，羽状深裂，边缘还有刺。硬刺能有效抵御食草动物取食，在开放生境（如路旁、草地）中提高生存率。越往上，叶子变得越来越小。

烟管蓟在东北至华北地区海拔 200 ~ 1500 米的河岸、林缘等温带半湿润气候环境中广泛分布。其深根系可在河岸沙质土或山坡疏松土壤中增强固着能力，同时扩大水分吸收范围以适应干旱期。

烟管蓟全草煎服或捣敷可治疗咯血、衄血、尿血及外伤出血。其止血机制与凉血止血功效相关，能加速伤口愈合。

Bambusoideae

我做「君子」很久了

51

竹子

禾本科竹亚科　多年生草本
高 3 ~ 20m　花期 5 月
观赏植物 / 药用 / 热带亚热带温带广布

在中国历史和文化中，竹被誉为“四君子”之一，与梅、兰、菊并列，也是文人墨客青睐的植物。竹子既是一种巨大的草，又有着乔木般的形态。生长迅速，分布广泛，用途多样，是人类的好朋友。

竹茎多为木质或草质，中间稍空，有节且密集。竹叶呈狭披针形，颜色深绿。竹子的花朵形似稻穗，主要呈黄色。一般而言，竹子的花期在 5 月，果实成熟期在 10 月。竹这个名称来源于其古字形状，它的古字形像下垂的竹叶，后来演变成现代汉字“竹”。

竹原产于中国，并且在热带、亚热带和温带地区都有广泛的分布。中国是竹的主要栽培国家，主要产区包括四川、重庆、浙江等地。竹喜欢温暖湿润的气候，对水分和热量的要求较高，喜欢土壤肥沃、排水良好、富含有机质和矿物元素的偏酸性土壤。

《本草纲目》中记载竹的特性为“淡竹叶气味辛平，大寒，无毒。”竹主要用于治疗心烦、尿赤、小便不利等病症。竹纤维具有良好的透气性、吸水性和耐磨性，可以制作成各种家具和工艺品。竹笋、竹米、竹鞭等可供食用或入药，具有较高的经济价值。竹生长周期短，四季常青，也常被用作城市绿化植物。竹枝秆挺拔修长，四季常绿，可以忍受严寒和酷暑，傲雪凌霜。古代常用竹来比喻正直不屈的人物。

Platanthera mandarinorum

兰科家族
你最能『装』

52

尾瓣舌唇兰

兰科舌唇兰属　附生植物
高 18 ~ 45cm　花期 4 ~ 6 月
观赏植物 / 林下草地

在兰科家族，尾瓣舌唇兰是非常特立独行的存在。别的兰花在唇瓣的装扮上都下足了功夫，因为那是吸引昆虫来传粉的海报呀，可它倒好，细细的，向下弯曲着，一点也不显眼。不过细看的话还挺可爱的，像一条俏皮的舌头，表面还有点小茸毛，仿佛在说："来呀，我亲爱的小昆虫。" 它的种加词 mandarinorum 意为"满大人的"，源自 19 世纪欧洲人对中国的称呼，妥妥的"时代眼泪"。

尾瓣舌唇兰属于兰花界的"中等身材"。叶片基部抱茎，十几朵小白花排成"螺旋升天队形"，远看张牙舞爪的，也挺有特色。它的距（蜜罐）藏在花朵后方，细长如吸管。花色通常是白绿渐变，完美融入林下光影，但别担心，它淡淡的夜来香味会让它在昆虫中刷足存在感。

尾瓣舌唇兰是"爱情骗子"界的扛把子。它的花蜜藏在超长的"距"里，只有特定蛾类(比如长喙天蛾）用吸管般的口器才能够到。但真相是——有些个体根本没有花蜜！纯粹靠"虚假香味广告"骗蛾子。科学称之为"食源性欺骗"，直白说就是"白嫖"。兰科植物的种子萌发需要和真菌"搭伙"，真菌提供营养，兰花长大后"反哺"糖分。

Impatiens tienchuanensis

53

天全凤仙花

「凤舞九天」之

天全凤仙花

凤仙花科凤仙花属　一年生草本
高 30 ~ 60cm　花期 9 ~ 11 月
观赏植物 / 药用 观赏 / 山坡阴湿处

凤仙花为大众所熟悉的一种花。很多女孩子小时候用它涂指甲，是天然的美甲材料。但是天全凤仙花不是普通的凤仙花，是我国特有种，而且只在四川西部才有，因是在四川雅安的天全县最被先发现的，故名天全凤仙花。

天全凤仙花喜欢山坡阴湿的环境。茎平卧或匍匐生长，最长可达 90 厘米。花是纯净的紫色，花形奇特。盛花时节，只见在一丛丛绿色的衬托下，紫色的花朵俏立其中，很是美观。

天全凤仙花花美色艳，生命力强，易于栽培，是一种具有良好开发前景的地被植物，目前已有科研人员对天全凤仙生长发育过程中的物候特点及各个时期的生物学特性进行研究，为其在育种、扩繁及园林应用方面提供理论实践指导。

Paeonia obovata

我比芍药珍稀

54

草芍药

芍药科芍药属　多年生草本
高 30 ~ 70cm　花期 5 ~ 6 月
观赏植物 / 观赏 药用 / 山坡草地 林缘

芍药是我国广为栽培的观赏花卉和药材，历史文化悠久，草芍药多了个草字，有啥特别之处呢？

草芍药和芍药是亲戚，都属于芍药科芍药属。来看看二者的区别：草芍药的根状茎又长又细，而芍药的又短又粗；草芍药的花瓣较芍药少，很窄并且尖锐，仅有 6 个花瓣，颜色有白、红、紫红多种，而芍药的花瓣较宽并且末端较为圆润，多为红色。此外，草芍药的花径一般要小于芍药。

芍药有很重要的药用价值，草芍药当然也不例外。活血化瘀，消肿止痛，是草芍药的重要功效，新鲜根状茎捣成泥状外敷，对跌打损伤有特别明显的治疗作用。还能清热凉血，缓解拇指肿痛和咽喉肿痛。

草芍药在我国分布以西部地区为主，一般生长在海拔 800 ~ 2600 米的山坡草地和林缘地带。

Primula sinoplantaginea
Primula tangutica

从『雪山信使』到园艺圈『网红美人』

55

车前叶报春 & 甘青报春

报春花科报春花属　多年生草本
高 10 ~ 30cm　花期 6 ~ 7 月
观赏植物 / 观赏 / 高山坡草地

生长在云南西北部和四川西部等地海拔 3600 ~ 4500 米的高山草地和草甸上的车前叶报春，花期是 5 ~ 7 月，因为生长在高山草甸，那里的春天比平原地区要来的晚些，也不算委屈其名报春了。不过南宋诗人杨万里看不过去，觉得名为报春未能“报春”，为此还写诗嘲讽了一下：“嫩黄老碧已多时，騃紫痴红略万枝。始有报春三两朵，春深犹自不曾知。”

车前叶报春因为颜值高，人们将其引种、驯化，逐渐走进寻常百姓家，目前是无危状态。

甘青报春是青藏高原的“甜心辣妹”。在藏地传说里，它是雪域女神裙摆上的碎钻，专挑海拔 3000 米以上的荒凉石缝里“闪亮登场”。花瓣 5 ~ 7 片，粉紫色渐变，花瓣尖还点染一抹深红。花冠筒部藏着一圈“土豪金斑点”。花茎细长如铁丝，顶着 3 ~ 6 朵花排成“仙女棒”造型。全株覆盖白色柔毛，既能防晒又能保湿。19 世纪的欧洲植物猎人将其猎回英国后，直接让维多利亚时代的贵妇们集体上头——毕竟谁能拒绝一朵花瓣粉紫渐变、花心金灿灿，还自带“破碎感美学”的花？藏民叫它“石缝里的酥油灯”，因为远看像一盏盏迷你灯笼在冷风中倔强摇曳。

甘青报春虽未被普遍列为保护物种，但其狭窄分布、严苛生境及脆弱生态特性，使其成为具有潜在珍稀性的高原植物，需加强栖息地保护与研究。

05

饲用植物

野草饲青

牧歌里的农耕文明

20 世纪七八十年代的农村娃，放学回家的第一件事，不是写作业，而是打猪草，要么去放牛。野苋菜、麻叶、青葙、繁缕、构树叶……当那些带着青草香和泥土腥味的植物装满背篓、竹篮时，获得的是实实在在的满足感；而牵着牛羊，定睛地看它们低头啃食青草，草茎断裂的脆响混着它们脖子上的铃铛声，是记忆里最安心的白噪声。

中国人与饲草的缘分，早在商周甲骨文中就有记载。古人发现牛马吃“莠”（狗尾草）能长膘，《齐民要术》里专门教人种苜蓿：“此草长生，种者一劳永逸。”北方游牧民族更把芨芨草晒干压成砖，寒冬时就是牛羊的救命粮。在中南湘楚之地，很多老人们至今念叨着“猪吃百样草，只要肯去找”。田埂上的灰灰菜、沟渠边的芦苇叶，就连花生秧、红薯藤都舍不得扔，都得给猪留着。秋收后，村里家家屋檐下都垂着金黄的草架子，像给土墙披了件蓑衣。

如今再回乡，已难得复现这样的情景。有的田里种着齐腰高的墨西哥玉米草，像绿色城墙般整齐；养殖场用粉碎机把玉米秸秆打成糊状，混着酒糟发酵成饲料。但村头的王奶奶依然从地里扯着新长出的野苗，她说：“机器喂的牲口没魂儿，还是得吃点野草。”

野生饲草，这些未被驯服却滋养着人类文明的绿色生灵，用坚韧的叶片书写着一部跨越万年的生存史诗。它们是大地的慷慨馈赠，更是游牧者与农耕者共同膜拜的自然之神。

在藏北羌塘，牧人将高山嵩草称为“绿度母的头发”，收割前要洒青稞酒祭祀；云南哈尼族用野生象草搭建“牛魂房”，每年六月廿四的火把节，头人会将第一把鲜草喂给最老的耕牛。这些仪式背后，是人对自然的谦卑认知。北美印第安切罗基人有句谚语：“不是我们饲养牲畜，是野草通过牲畜饲养我们。”

Lamium amplexicaule

野草中的『华盖』贵族

01

宝盖草

唇形科野芝麻属　一年生或二年生草本
高 10 ~ 30cm　花期 3 ~ 5 月
饲草植物 / 药用 可食 / 路旁林缘 沼泽草地

在乡下打过猪草的伙伴儿，对宝盖草应该不陌生，它可是猪最喜欢的食材之一，麦田等庄稼地以及菜园里，到处都能见到它们。

很贱的野草，却得了宝盖草这个华丽的名字，这源于它茎秆上部的叶片形状，两片对生的叶片紧紧相拥，就像古代帝王驾车时随从撑起的华盖一样。

宝盖草茎基部多分枝，叶片呈圆形或肾形，轮伞花序，花冠紫红或粉红色。它是“春之七草”之一，被用来制作“七草粥”。这种习俗最早起源于汉代，魏晋时期非常流行，后来在日本仍然延续着。而在我国潮汕地区，也有“七菜羹”的习俗，宝盖草便是其中的一员。这些习俗不仅丰富了人们的饮食文化，也让宝盖草成为连接古今的纽带。

乡间无闲草，会用都是宝！《滇南本草》中提道：“宝盖草治筋骨痰火疼痛，手足麻木不仁。祛周身游走之风，散瘰疬手足痰核。”而《植物名实图考》中也有记载：“宝盖草养筋，活血，止遍身疼痛。”在民间，人们会采摘它来制作药膏外敷或煮水饮用，以促进伤口愈合和缓解疼痛。

Alopecurus aequalis

麦田里的守望者

02

看麦娘

禾本科看麦娘属　一年生草本
高 15 ~ 45cm　花期 4 ~ 8 月
饲草植物 / 药用 / 田边 潮湿之地

在清人顾景星的《野菜赞》中记载着这么一段话："有看麦娘，翘生陇上，众麦低头，此草仰望。"这大概就是看麦娘的名字来由吧。它也称为棒棒草、棒槌草、三月黄，其英文名为 shortawn foxtail。

看麦娘茎秆少且多是丛生生长，长相细瘦且光滑，枝节弯曲的地方像膝盖弯曲。它的花很有意思，圆锥花序圆柱状，灰绿色，小穗椭圆形或卵状长圆形，在小穗上长满了橙黄色花药，看来如同一根根小棒槌。

看麦娘在我国分布范围广泛，有人认为看麦娘的整个生长期正好贯穿小麦生长前后的时间，又喜欢生长在田边，像是母亲看着孩子成长一样，故而人们就给它起名"看麦娘"。

看麦娘是我国民间的一种传统药用植物，它全草都可以入药，品味偏淡，性凉没有毒性，有清热利湿、解毒止泻的作用，能够用于治疗小儿腹泻、消化不良以及毒蛇咬伤等多种病症。很多农村人会将看麦娘带回去清洗干净，直接煮水后拿来洗脚，是治疗脚气的一种"特效药"。除此之外，看麦娘还是一种优质的牧草，猪羊都爱吃。

Fagopyrum tataricum

「五谷之王」

03

苦荞麦

蓼科荞麦属　一年生草本
高 30 ~ 70cm　花期 6 ~ 9 月
饲草植物 / 药用 可食 / 田边路旁 山坡河谷

“独出前门望野田，月明荞麦花如雪”，白居易笔下的苦荞麦又名鞑拉蓼、菠麦、乌麦、花荞。虽然叫“麦”，其实是蓼科植物，和隔壁小麦不同科。苦荞麦小巧中透着刚毅，茎直立，叶子三角形，顶部开花一束一束的，白色或淡红色。它的果子椭圆形，黑褐色，果期 8 ~ 10 月。苦荞麦和荞麦长得差不多，吃起来带有苦味，是它和荞麦最大的区别。

苦荞麦适应能力特别强，耐寒、耐贫瘠，喜凉爽、干旱的丘陵，在东北、华北、西北等地都有。

值得一提的是苦荞麦的营养价值比其他的粮食作物要高，它是谷类作物中唯一集合了七种营养素于一身的作物，这也是苦荞麦被誉为“五谷之王”的原因所在，而且苦荞麦最大的特点就是不含糖分，对糖尿病人大有好处。

苦荞麦具有清凉爽口的特点　可以促进血液循环。它含有丰富的维生素 P（一种强力抗氧化物质），能降低血脂、增强血管弹性、防止血液凝结，对心脑血管疾病有益。此外，苦荞麦还对肠胃有良好的清理功能，被称为大肠的“清道夫”。经常食用苦荞麦等粗粮还有助于瘦身。据《本草纲目》记载，荞麦具有增加气力、提神醒目、利耳目、降气宽肠的作用。

苦荞麦还是优质的饲料作物，籽粒、碎粒、皮壳、秸秆和青贮都可以用来饲喂畜禽。苦荞麦还具有护肤作用，皮壳还可以用作保健枕头的填充物。

Galium spurium

身披千万倒刺
内有『仁心』一枚

04

拉拉藤

茜草科拉拉藤属　草质藤本
花期 3 ~ 7 月
饲草植物 / 药用 / 山坡旷野 沟边河滩 林缘草地

拉拉藤形状像绞股蓝。它的茎、枝，甚至是叶子上面也长满了细小的倒钩刺，因此也叫锯锯藤、割人藤、锯子草等。

拉拉藤雌雄异株植物，花期从夏季开到秋季，雄花数量远超雌花，每朵雄花像小灯笼，有风吹过，花药被花丝带动而轻轻抖动，如同小虫子，非常可爱。

身披万千针刺，内有“仁心”一枚。拉拉藤的茎和叶能入药，有清热解毒、利尿通淋等作用。泡茶喝能够清热解暑，也能达到去火通肠胃的功能。患有皮肤病、皮肤癣，可捣碎敷患处。

拉拉藤是优质的饲草，它既可以当青饲、青贮，也可以晒制成干草粉碎后加入饲料中喂食。它的茎皮纤维可做造纸的原料，种子油可制肥皂，果穗还可代啤酒花，可以转化成一种优质的绿肥，是一种优质的蜜源，还具有很高的观赏价值。

Alternanthera sessilis

被外来户欺负的湿地救荒人

05

苋科莲子草属　多年生草本
高 10 ~ 45cm　花期 6 ~ 7 月
饲草植物 / 药用 可食 / 水湿地

莲子草

莲子草和空心莲子草外表非常像，不同之处主要是以下三点：一是莲子草是中国原住民，而空心莲子草是外来户，因为太霸道被列入恶性入侵植物；二是前者多个头状花序生于叶腋处，没有花梗，后者通常单个头状花序生于叶腋处，具有明显的花梗。二者在花期前不是很好辨认，一般而言，莲子草稍显瘦弱。像中国商陆和美洲商陆一样，莲子草这位中国原住民被外来入侵的空心莲子草日益削弱其存在感。

莲子草民间小名叫“满天星”，因为它的生命力很顽强，随便一小株很快就能长出一大片来，白色的小花像天上的繁星。在以前，它可是穷人的宝贝，因为嫩茎叶可以当作野菜填肚子充饥，也能用于治病救命。它全草都能入药，可散瘀消毒、清火退热，能用于治疗痢疾、咯血、便血、炎症、皮炎、体癣、毒蛇咬伤等多种疾病。

Microstegium vimineum

我是一棵小小竹

06

荩竹

禾本科荩竹属　多年生草本
高 60 ~ 100cm　花期 8 ~ 11 月
饲草植物 / 林缘与阴湿草地

荩竹，别名"柔枝荩竹"。因为茎秆柔软，节上生根，多分枝，与俗称"狗尾草"的莠相似，所以起了这个名字。它的学名更能体现它的形态特征，Microstegium 代表它属于微鞘竹属，vimineum 则描述了它茎秆细长如藤蔓的特点。

荩竹外表温柔，但性格却野得很，适应性强、分布广。在中国古代，莠草（泛指荩竹类植物）常常与恶草、害稼之草联系在一起，比如《诗经》中就有"无思远人，劳心忉忉。无田甫田，维莠骄骄"的诗句，形象地描绘了莠草在农田中肆意生长的场景。在美国，荩竹被视为入侵物种。

但凡事皆无绝对，在入侵地美国，它意外地为一种濒危蝴蝶提供了栖息环境；而且，荩竹是牛羊等牲畜非常喜欢的饲草。此外，它的茎秆还可以用于编织工艺品和造纸。

Pouzolzia zeylanica

07

糯米草、捆仙绳都是我

雾水葛

荨麻科雾水葛属　多年生草本
高 12 ~ 40cm　花期 7 ~ 10 月
饲草植物 / 药用 / 林缘与阴湿草地

以前许多乡村朋友一看到雾水葛，就会拔掉一些，经过简单处理后就可以用来捆东西了，也就是当绳索用，后来人们就叫它捆猪草、捆仙绳等。它是南方地区田间地头常见的一种野草，随手易得，以前常用作外敷用于拔毒排脓，又被称为脓见消、拔脓草。它的别名还有地消散、山参、田薯、糯米草等。

雾水葛的形态特点非常独特。它的高度在 40cm 以下，少分枝，枝条上有稀疏毛。叶子呈现出一种深绿色，叶子的边缘有一些锯齿状的花纹，非常美观。而它的花朵则是由许多小花组成的一个花球，花朵的颜色非常鲜艳，有紫色、粉色、白色等多种颜色，非常漂亮。

在民间，有“雾水葛，治百病”的谚语。雾水葛的根，收取以后晒干入药或者鲜用都可以，具有清热解毒、凉血止血的功效。

雾水葛的嫩茎和嫩叶可以作为野菜食用，需要注意的是，雾水葛的性质偏寒，过量食用可能会导致腹泻等不适症状。当然，雾水葛还是一种天然的猪饲草。

雾水葛喜欢生长在阳光充足、排水良好的环境中。它主要分布在中国的南方地区，如广东、福建、江西、湖南、广西等地。

Polygonum aviculare

08

墙隅路畔的民间医者

萹蓄

蓼科萹蓄属　一年生草本
高 10 ~ 40cm　花期 5 ~ 7 月
饲草植物 / 药用 / 广布

“瞻彼淇奥，绿竹猗猗。有匪君子，如切如磋，如琢如磨。”这里《诗经》中的“绿竹”并非绿色的竹子，而是两种植物，绿是荩草，竹就是今天的主角萹蓄。

萹蓄一般半米长，匍匐贴地生长，叶互生，底部叶柄较长，越往上生长越短，靠近顶端的叶片几乎是相簇拥生长在一起，看不见叶柄。茎则是一节一节生长的，看起来和竹子特别像，因而在民间多把萹蓄称作“萹竹”。初夏于节间开淡红色或白色小花，瘦果黑色三棱形。

由于萹蓄的适应性和生命力很强，使得它在我国分布极广，几乎遍及全国各个地区，田边、路边及沟边湿地到处可见。

作为民间常见的中草药材，萹蓄味苦、性寒。具有清热祛火、利尿通便、杀菌驱虫的作用。在中药中常用来治疗热淋、皮肤湿疹、虫积腹痛、小便短赤等病症。萹蓄的全草还可制农药，资料记载对青虫、椿象有明显毒杀作用。

除了药用，萹蓄还是一种可以用来充饥的野菜，在明代的《救荒本草》《野菜谱》当中，就有关于萹蓄的记载。它的嫩茎叶也是牛、羊、猪、兔等的好饲料。

Trifolium lupinaster

饲用植物 MVP

09

豆科 车轴草属　多年生草本
高 30 ~ 60cm　花期 6 ~ 10 月
饲草植物 / 药用 观赏 / 低湿草地 林缘山坡

野火球

你以为“野火球”是武侠片里的火焰暗器，人家其实是草原上的“人间小烟花”。它的头状花序像一团团燃烧的小火球，搭配紫红色花瓣，加上它狂野生长的本性——从东北黑土地到内蒙古草原，野火球的名字实至名归！至于别名“红五叶”“野车轴草”，应该是因为它和豆科车轴草属亲戚“撞脸”的缘故。

野火球很野，但是人畜无害。它可谓饲用植物“MVP”，亩产干草 200 千克，钙含量高，牛见了直接“哞哞”叫美味；配黄芪治咳嗽，混缬草煮水喝，专治失眠多梦，又能对抗淋巴结核；现代科研还发现其花青素含量爆表，可进军美妆界。它的根系还能改良土壤，是很有名的“土地医生”，种过它的土地，氮含量蹭蹭涨。花期长达 4 个月，用它打造的紫红花海可秒变“网红”打卡地。但切记！新鲜野火球含微量毒素，必须晒干炮制。

Causonis japonica

葡萄科「卷王」

10

葡萄科乌蔹莓属　草质藤本
花期 3 ~ 8 月
饲草植物 / 药用 / 山谷林中 山坡灌丛

乌蔹莓

俗称“五叶藤”的乌蔹莓，是典型的葡萄科“卷王”，它自带三件神器——涡轮增压茎：一年爬墙 3 米，给根电线杆能绕地球两圈，给它一面墙，它能还你整片热带雨林；浆果诈骗术：紫黑小果看着像蓝莓亲戚，实则味道酸涩到鸟都嫌弃（但人家要的就是鸟类的“代播服务”）；气生根特工队：墙面、栅栏等所到之处皆可插旗占地盘。在美洲，它已成生态噩梦，美国人民哭诉：“比亚洲鲤鱼还能生！”

《唐本草》称它“拔毒神草”。《本草纲目》却吐槽：“此物捣汁饮，能解血瘀，但吃多了会让人变话痨”（李时珍原话：解热，利小便，久服令人多语）。明代农书《救荒本草》更离谱：“灾年可凉拌充饥”——建议现代人别试，毕竟它和葡萄的差距八竿子都打不着。但现代研究发现含黄酮类化合物，能抗炎降血糖。

Anchusa ovata

长在农田

是杂草，

其实浑身宝

11

狼紫草

紫草科牛舌草属　一年生草本
高 10 ~ 30cm　花期 5 ~ 7 月
饲草植物 / 药用 可食 / 山坡、河滩、田边

狼紫草形似狼尾，别名牛舌草。叶片的边缘有细小的齿轮状硬毛，形似狼的尾巴，所以得名。开紫色的小花，花朵周围有疏生的硬毛，排成顶生、有叶状苞片的卷伞花序。花果期 4 月至 7 月，5 月下旬即渐次熟落。

作为夏熟作物田中常见的一种杂草，狼紫草对部分小麦危害较重，也对油菜田产生严重的影响。

狼紫草叶入药，夏、秋季采叶鲜用，味苦性寒，有消炎止痛的功效。一般把狼尾草捣碎敷在跌打肿痛的部位，可以治疗红肿，也可以用水将其煮沸，喝下去也可以治疗口腔溃疡等病状。

狼紫草是优质牧草。它含水量较多，质地柔软，叶片丰茂，初花期的营养含量中除粗纤维稍低外，其他营养成分含量较高，特别是富含矿物质成分。但被硬毛，降低了它的适口性，青绿时牛和骆驼喜欢采食，马一般不采食。

Potamogeton distinctus

水上漂的绿眼睛

12

眼子菜科眼子菜属　多年生草本
高 10 ~ 30cm　花期 5 ~ 10 月
饲草植物 / 药用 / 水湿地

眼子菜

喜欢生长在稻田里的水生植物很多，不过这眼子菜很好认，看起来就像是一片竹叶漂浮在水面上。它的叶子椭圆形，像人的眼睛，所以叫眼子菜，又称案板芽、水上漂。

眼子菜根茎发达，白色，多分枝，常于顶端形成纺锤状休眠芽体，并在节处生有稍密的须根。茎圆柱形，通常不分枝。浮水出来的叶子是披针形的，沉在水里的叶子是条形的。穗状花序顶生，密生黄绿色小花，开花时伸出水面，花后沉没水中，花果期为 6 ~ 8 月。

眼子菜会跟水稻抢食营养以及争夺生存空间，导致水稻营养不良及减产，所以经常被农民朋友给除掉，用来当作家禽的饲料。

另外，据《中华本草》所记载，眼子菜全草可做草药入药，具有清热解毒、利尿、消积、驱蛔虫的功效。

Murdannia nudiflora

闻起来像韭菜

13

裸花水竹叶

鸭跖草科水竹叶属　多年生草本
高 10 ~ 50cm　花期 6 ~ 9 月
饲草植物 / 药用 / 水湿地

这是一种有着韭菜味儿的植物，叶片像竹叶，花儿在开之前，苞片会掉落，所以裸花水竹叶就成了它的学名。它的叶片和鸡舌很像，所以也被称为鸡舌草。

裸花水竹叶的根系发达，茎节处生有不定根，结明显，结节略带紫色，所以又叫它红毛草。花比较小，呈天蓝色或紫色，圆锥花序，果实呈卵圆状三棱形。种子呈褐色，表面有稀疏而大的窝孔。

在裸花水竹叶开花之前，我们常采它的嫩叶嫩茎炒木耳，和韭菜味道极为相似，所以又有山韭菜的俗称，是夏季我不可错过的一道野菜。人爱吃，当然也能当饲草。

古籍考证，裸花水竹具有化痰清火、止血的功效。它能够清除三焦之火，消除瘀血并促进新陈代谢。

Rotala rotundifolia

南方水乡「钉子户」

14

圆叶节节菜

千屈菜科节节菜属　一年生草本
高 10 ~ 40cm　花期 12 月至翌年 6 月
饲草植物 / 药用 观赏 / 水湿地

圆叶节节菜的花很小，不过它们聚焦在一起的力量确实很大，它们那顶生、稠密的穗状花序上，开着许多小小的红色，把整片田地都染红了。根茎细长，一节一节的，呈紫红色。叶子又小又圆，形似马齿苋。

圆叶节节菜喜温暖潮湿的气候，在我国南方大部分地区都有分布，常作为田间杂草，自然栖息于水田、池塘边或比较潮湿的地方等。它也有许多的别称，如水松叶、水豆瓣、豆瓣菜、指甲叶、上天梯、水瓜子、过塘蛇、猪肥菜、水酸草、禾虾菜、假桑子等。

据《中华本草》记载，圆叶节节菜全草均可入药，其味甘性凉，入药具有清热解毒、健脾利湿、消肿的功效，可用于治疗肺热咳嗽、痢疾、黄疸、小便淋痛、痈疖肿毒等多种症状。

圆叶节节菜是养猪大户最喜爱的植物之一。做野菜，吃起来是酸酸的，凉拌或炒菜都很不错。它株形小巧，花色艳丽，花朵精致可爱，成片甚为壮观，宜作湿地地被或盆栽观赏。

06

有毒植物

万物皆有毒
关键在剂量

自然馈赠的辩证哲思

公元前 399 年，苏格拉底饮下毒堇汁从容赴死；莎士比亚笔下的麦克白夫人用颠茄汁制造疯狂幻觉；《甄嬛传》中夹竹桃与苦杏仁构建的宫斗杀局——这些跨越时空的戏剧化场景，揭示了自然界中一类植物——有毒植物与人类文明纠缠千年的共生关系。它们既是死亡的隐喻，又是生命的解药，在植物学特性与文化符号的碰撞中，书写着自然界的辩证法则。

文化长河中的毒物符号

在古希腊德尔斐神庙的墙壁上，毒堇叶纹样与神谕共存，象征智慧与死亡的辩证关系。中国古代《山海经》记载的桂竹，刺中人必死，先民对自然威力的敬畏跃然纸上。非洲部落以毒箭木汁液淬炼成人礼仪式，这些文化实践构建了独特的“毒性崇拜”。

欧洲中世纪手抄本中的曼陀罗插图常被描绘成人形，传说其根系发出的尖叫能致人疯狂。这种将植物毒性人格化的想象，实则是人类对未知自然力量的隐喻式解读。日本浮世绘大师葛饰北斋曾以《百物语》描绘断肠草，将植物毒性升华为美学意象，揭示东方文化中“物哀”哲学与危险植物的精神共鸣。

生存智慧与化学兵器库

植物演化出的毒素防御体系堪称自然界的化学军备竞赛。乌头属植物合成的乌头碱，0.2 毫克即可致命，其分子结构能精准阻断动物神经系统的钠离子通道。这种由莽草酸途径演化出的生物碱，在植物界的出现时间恰与哺乳动物崛起同步，暗示着协同进化中的攻防博弈。

现代质谱分析揭示，蓖麻籽中的蓖麻毒蛋白由两条肽链构成特殊立体结构，能穿透细胞膜抑制核糖体功能。这种看似过度的防御机制实为生存策略：种子的高毒性确保其在未成熟时免遭啃食，而坚硬的种壳成熟后破裂，释放低毒种子完成传播。植物生理学家发现，光照强度与土壤 pH 值能显著影响毒芹中甲基蒽醌含量，展现植物根据环境调整防御等级的智能。

淬毒为药的现代启示

从毒物到药物的转化往往系于一念之间：长春花中提取的长春新碱成为白血病克星，毒扁豆碱改造为阿尔茨海默症药物。更精妙的是，箭毒蛙表皮毒素（地棘蛙素）经结构修饰后，止痛效果是吗啡的 200 倍且无成瘾性。这种“毒物药物化”过程，犹如在分子层面进行的危险舞蹈。

在生态维度，澳大利亚科学家发现金合欢树释放的氰化物气体，能形成直径 30 米的“毒气屏障”保护群落。这种化感作用启发了新型生物农药研发，将植物间的化学战转化为绿色防控技术。

站在分子生物学与生态伦理的交叉点回望，有毒植物的生存智慧恰似一面三棱镜：文化隐喻的虹彩、化学防御的冷光、医疗价值的金辉在此交汇。从神农尝百草的传说到现代高通量药物筛选，人类始终在与这些危险生灵进行着跨越物种的对话。或许正如毒理学之父帕拉塞尔苏斯所言：“万物皆有毒，关键在于剂量。”在敬畏与利用的平衡中，有毒植物将继续书写其双面人生的传奇。

一把伞南星块茎

Agrostemma githago

01

可爱又调皮的『麦田仙子』

石竹科麦仙翁属　一年生草本
高 30 ~ 100cm　花期 7 ~ 9 月
有毒植物 / 药用 / 麦田中 路旁草地

麦仙翁

在黑龙江、吉林、内蒙古以及新疆等地的麦田、道旁的野草地里，经常看见和石竹有些相似的花，飘逸的枝茎，柔弱的淡紫色花朵，飘飘欲仙，很是让人怜爱！所以名字里又是麦又是仙翁。但是，千万别被它的外表所迷惑，它的果实是有毒的。有人或动物误食了它，就会被毒倒！因此，它还有个名字就叫“麦毒草”。

麦仙翁是石竹科麦仙翁属一年生草本植物，适应性强，既耐寒，又耐干旱贫瘠，非常好养活，用来做鲜切花，是不错的好材料。但若让它疯狂长在麦田里，会危害小麦、玉米、大豆等农作物，农民伯伯就恨不得除之而后快了！

麦仙翁初夏时开放，其开的花仿若是给田野进行了装饰，学名 Agrostemma githago，意思就是麦田的王冠（花饰），英文名是 corn cockle。

麦仙翁的全草都可入药，具有止咳平喘、温经止血的功效。但因其茎、叶、种子有毒性，一定要慎用。

Ranunculus chinensis

辛辣如蒜 不是蒜

02

毛茛科毛茛属　一年生草本
高 20 ~ 70cm　花期 5 月 ~9 月
有毒植物 / 药用 改良 / 水湿地

茴茴蒜

茴茴蒜，听起来像是厨房的调味料，其实它跟蒜真没关系，人家属于毛茛科毛茛属。据说是回族人把它带到中原，因为气味辛辣如蒜，就叫它“回回蒜”。在元明时期，回族人将很多植物引至中原，名字多带“回回”二字。又因为喜欢长在水边或潮湿环境，所以它还叫水胡椒、蝎虎草、水辣椒、黄花草、水杨梅等。

茴茴蒜的茎直立中空，多分枝，还有伸展的淡黄色糙毛，叶子是三出复叶，很像艾叶。花瓣则是黄色的宽倒卵形。跟同类植物石龙芮比起来，它的花瓣更像船形，而石龙芮的花瓣则是倒卵形，花萼也略有不同。果实有点像桑葚，但比桑葚小不少。

茴茴蒜全株有毒，需谨慎接触或使用，它所含的原白头翁素、毛茛苷等刺激性物质，皮肤接触可引发红肿、瘙痒，误食可能导致呕吐、腹泻、腹痛等消化道症状。但它也是一种传统中药，根据《中华本草》的记载，茴茴蒜全草入药，具有清热解毒、消炎退肿、截疟祛湿等作用，对风湿疼痛有非常好的效果，但不可自行内服，需经专业炮制或配伍。有实验证明，茴茴蒜生长健壮，生长周期长，还具有较好的净化污水的作用。

Ranunculus cantoniensis

03

不要把我当芹菜

毛茛科毛茛属　多年生草本
高 30 ~ 65cm　花期 3 ~ 9 月
有毒植物 / 药用 / 丘陵田边 沟旁水湿地

禺毛茛

禺毛茛又叫明光草、自扣草、去膜草等，茎叶具有黄色乳液，有激烈的刺激性。在未开花时，像极了平常吃的芹菜，也就是全株多了一层小茸毛，所以人们又叫它毛芹菜。叶子为三叶互生，有三条纵脉，边缘有锯齿状，茎为中空，花为雌雄同株，单一顶生。果实为瘦果，聚合成圆球状有棱及嘴状钩。须根多数簇生。

毛茛科的植物大多含生物碱，有毒。禺毛茛全株都有毒，接触它的果实会引起皮肤起泡，曾有报道说有人想采食水芹菜，却误采食了禺毛茛而中毒的例子。禺毛茛有辣味，吃了口唇发麻。

禺毛茛喜潮湿的水域环境中，随着进化，它对干旱的适应能力增强，可以分布到较为干旱的路边、荒地和菜地等地。当禺毛茛为二倍体时，它分布在水域湿润的环境中，随着倍性增加，复合体会向西向东分布，并具有向干旱地区扩展的趋势，也更具侵略性。

禺毛茛虽有一定毒性，但全草可用作药材，味道微苦而辛，性质温和，具有清肝明目、除湿解毒、截疟等功效，主要用于治疗眼翳、眼红、黄疸、痈肿、风湿性关节炎、疟疾等症状。

Ranunculus japonicus

数典不忘祖的典范

04

毛茛科毛茛属　多年生草本
高 30 ~ 70cm　花期 4 ~ 8 月
有毒植物 / 药用 / 田野溪边 林边潮湿处

毛茛

在民间，毛茛这个名字不常用，人们习惯根据它的特性把它叫作鸭爪草、山辣椒或者烂肺草，这是因为毛茛是一种浑身有毛、味道辛辣并带有毒素的野草，它的叶片看上去和鸭子的脚掌一样。古往今来给毛茛的别名不下 30 种，每个别名都不是随意发挥的，几乎都讲述了毛茛的一个功效和特点。

在植物学者眼中，毛茛科家族是时光倒流的窗口，它们几乎保留了植物种群的最原始的特征。也就是说，从植物进化的角度看，毛茛科成员有着最简单的结构。它们有着细长的茎和分裂的叶片，最主要的是它们的花：花瓣、萼片、雄蕊和雌蕊都没有定数，而且每一个结构都是独立存在的。不知道大家有没有仔细观察过，我们见到的大部分花朵，在花心中有一根较粗的花柱，这个花柱就是花朵的雌蕊，有且仅有一个。而毛茛却不同，它会有多个雌蕊，而这个正是明显的原始植物特征。

毛茛味辛微苦，性温有毒。具有利湿退黄、预防偏头痛、缓解牙痛等功效。主要用于治疗黄疸、肝炎、哮喘、风湿关节痛、恶疮和牙痛等疾病。

毛茛主要分布在亚洲和欧洲，除了西藏以外，中国的各个地区也有分布。它生长在田野、溪边或林边潮湿的地方，海拔范围为 200 ~ 2500 米。

Hyoscyamus niger

05

从仙界下凡的『迷魂药』

茄科天仙子属　多年生草本
高 30 ~ 100cm　花期 5 ~ 8 月
有毒植物 / 药用 / 山坡路旁 河岸沙地

天仙子

天仙子，名字听起来就仙气飘飘，但它可不是什么温柔无害的小仙女。《本草纲目》中记载，天仙子“其子服之，令人狂浪放宕，故名”。意思是说，吃了天仙子的种子，会让人变得狂放不羁，像喝醉了酒一样飘飘欲仙，所以给它起了这么个名字。

天仙子和曼陀罗、颠茄是近亲。这个家族可都不好惹，很多都带毒。天仙子全株有毒，尤其是种子，毒性最强。长得不算出众，叶片呈椭圆形，边缘有波浪形的锯齿。它的花朵像个小喇叭，颜色通常是淡黄色或紫色，上面还布满了紫色的脉纹，看起来有点神秘。

在西方，天仙子也被称为女巫草，因为中世纪的女巫们经常用它来制作“飞行药膏”，据说涂上这种药膏后，就能骑着扫帚飞上天。

中医认为，天仙子具有镇痛、解痉、止咳平喘等功效，常用于治疗胃痛、哮喘、咳嗽等疾病。不过，由于毒性较强，使用时必须严格遵医嘱，切勿自行服用。现代科学研究发现：莨菪碱和东莨菪碱两种生物碱是它的秘密武器。这些天然化合物能阻断神经传导，让误食者出现瞳孔放大、幻觉、谵妄等中毒症状。但智慧的古代医者早已掌握以毒攻毒的奥秘，《伤寒论》中记载的“莨菪散”就是用它来治疗癫狂症。除了药用，天仙子还可以用来制作杀虫剂，对付蚜虫、红蜘蛛等害虫效果不错。

Arisaema erubescens

登上邮票的『药美人』

06

一把伞南星

天南星科天南星属　多年生草本
高 30 ~ 90cm　花期 5 ~ 7 月
有毒植物 / 药用 / 林下灌丛 草坡荒地

长得像一把伞的天南星科植物，应该就是它得此名的缘由。

在我国，一把伞南星生长在陕西、甘肃及以南多地的林下、草坡、荒地等处。它一般只有 1 片叶，呈放射状分裂，裂片三至二十片不等，叶柄长，看起来像一把伞，叶柄表面有蛇皮状斑纹。它的开花方式特别有意思，从叶柄当中抽出一个花柄，开出类似红掌的“佛焰苞”花朵。结的浆果会像葡萄一样簇拥在一起，并且它们的果实会变色，刚开始生长出来的是绿色，成熟后则会变得鲜红诱人。

一把伞南星这份特别的美还打动了中国药用植物邮票的设计者，他们从上千种传统中草药中选出一把伞南星，将它印在了 1982 年发行的第二组“药用植物”邮票中。

美的东西常常也是有毒的，一把伞南星全株有毒，并且是剧毒，但却可药用。它以扁球形的块茎入药，有祛痰、消肿毒的功效，主治中风、半身不遂、癫痫、惊风、破伤风、跌打损伤、或虫蚁咬伤等病症。

更有趣的是，经过科学家研究发现，一把伞南星竟然是一种能变性的植物，同一植株的性别在不同生长季节中可以发生变化。

Corydalis pallida

杀菌灭虫

我在行

07

罂粟科紫堇属　一年生草本
高 20 ~ 60cm　花期 5 ~ 10 月
有毒植物 / 药用 / 林间空地 火烧迹地 林缘河岸 多石坡地

黄堇

罂粟科的植物多多少少都是有点毒的，黄堇也不例外，且味苦涩、寒性，别名断肠草。

黄堇成株高度为 20 ~ 60 厘米，叶子由很多小羽片组成，正面绿色，背面灰白色。茎秆通常被有紫红色的斑点，表面有一层白霜，而且比较脆，一折就断，可以看到它是空心的。

黄堇的花期和果期都相当长，从 5 月一直延续到 10 月。开黄色的小花，总状花序，顶生和腋生都有，一串一串的。它的果实一条一条的，呈线形念珠状。整个植株会散发出一股恶臭。

虽然别名断肠草，但它也非穿肠毒药，相反，它的药用价值还很高。可杀菌灭虫，可以治疗蛇咬伤，还是一种可以消暑的药材，但需专业炮制以降低毒性。

黄堇偏好生长于多石坡地、河岸、林缘或路旁潮湿环境，其灰绿色丛生草本形态、恶臭气味及念珠状蒴果，使其能在上述生境中通过种子高效扩散并抵御环境压力，全国大部分地区均有分布。

Corydalis edulis

堪大用 有小毒

08

紫堇

罂粟科紫堇属　一年生草本
高 20 ~ 50cm　花期 3 ~ 5 月
有毒植物 / 药用 观赏 / 丘陵沟边 多石地

看紫堇的名字，很容易联想到堇菜，但它们连远亲都算不上。堇菜属于堇菜科堇菜属植物，紫堇属于罂粟科紫堇属植物，也被称为蝎子花、麦黄草、断肠草、闷头花。

紫堇有 4 枚花瓣，分内外两轮排列，为了吸引昆虫传粉，上花瓣向后延伸出一个管状的尾巴，形成了长长的“距”，距里有能够产生蜜的腺体，为了吸食花蜜，昆虫需要打开上、下花瓣之间的通道，它们努力下压花瓣，露出里面隐藏的花蕊，进入距内部，从客观上起了传粉的作用。

紫堇又叫野芹，它的叶子和芹菜有点像，“堇”字古通“芹”字，据说古代食用的“芹”就是紫堇。《诗经 · 大雅》中有：周原朊朊 堇茶如饴。意思是周围土地十分肥美，紫堇和苦苣也像饴糖一样甜。紫堇在中国分布广泛，主要分布于华北、华中、华东和西南地区，喜欢温暖湿润的环境。

紫堇花色多变，自播能力强，在园林中具有广泛的应用。除了观赏之外，全草可以入药，具有清热解毒、收敛止痒、润肺止咳等功效，主治疮疡肿毒、聤耳流脓、咽喉疼痛、顽癣、秃疮、毒蛇咬伤等。但是紫堇花全株有毒，可不能随便吃。

Corydalis raddeana

09

长相清新的『断肠草』

罂粟科紫堇属　多年生草本
高 60 ~ 90cm　花期 6 ~ 10 月
有毒植物 / 药用 / 林下 沟边

小黄紫堇

小黄紫堇这个名字已具备了小、黄以及紫堇等要素，由此可以看出它的花不大，黄色，而且与紫堇的花形很相似，的确。罂粟科紫堇属的很多植物都有一定毒性，小黄紫堇也不例外，过量服用容易引起呕吐、腹泻、呼吸抑制等症状，因此有人也把小黄紫堇叫“断肠草”（非特指一种植物，泛指那些能引起呕吐等强烈反应的剧毒植物）。所以也要小心，不要误食！

小黄紫堇在东北、华北、西北等地都能见到，大多是生长在阴凉的杂木林下或水沟边。其花虽不大，但总状花序上能有 5 ~ 20 朵小黄花，花朵长相奇特，秀气可爱。

小黄紫堇也是一味药材，全株均可入药，具有清热解毒的功效，对治疗疮毒肿痛、痢疾、肺结核咯血有一定的作用。若外用，可将鲜全草适量，捣烂外敷患处。

Euphorbia helioscopia

我有一把神奇的「伞」

10

大戟科大戟属　一年生草本
高 10 ~ 50cm　花期 4 ~ 10 月
有毒植物 / 药用 / 山沟路旁 荒野山坡

泽漆

泽漆很常见，看上去平平无奇，但是却自古被记录在各种文献中。《神农本草经》载：“因其茎叶折断时，有白汁如漆，故名泽漆。”还有一些有趣的别名，比如：五朵云、五盏灯、白种乳草、乳浆草、奶浆草。

泽漆的样子还是挺萌的，状似新娘最昂贵的手捧花，开花之后，花序的顶端就变成了金黄色，若是能开成一片，那是极为好看，像是灯台千盏、漫天祥云。

凑近观察泽漆，可以发现，地面上暗红色的茎蚯蚓般蔓延，顶端翘起，撑起了花序。我们可以把泽漆的茎看作雨伞的伞柄，伞柄上有 5 片叶子组成的伞面，奇特的是，伞柄伞面之上又生出 5 个伞柄，它们各自又顶了一把伞，总共 5 把伞。而且这 5 把伞里，居然各自还有 3 把伞……

泽漆茎如果掐断了会有白色乳汁。一般会“产奶”的植物都有毒，那么泽漆是否也有毒呢？古代的诸多本草文献记载泽漆无毒，但现代本草文献中则多将泽漆归于有毒药物。

不过有毒也不妨碍泽漆成为一味中药，具有止咳化痰、止痛止痒、利水消肿的功效。平时它能用于人类的身体腹水、水肿以及肺结核还有痰多咳喘等多种常见病的治疗。

Aristolochia debilis

这位「萨克斯手」有点酷

11

马兜铃

马兜铃科马兜铃属　草质藤本
花期 7 ~ 8 月
有毒植物 / 药用 / 山谷沟边 路旁阴湿处 山坡灌丛

你见过马脖子上挂着的铃铛吧，这种名为马兜铃的植物，它的果实与之很像。早在明朝时，李时珍就将其命名为马兜铃：《本草纲目·草七·马兜铃》：“［马兜铃］其实尚垂，状如马项之铃，故得名。”它的花形很奇特，是管型喇叭状，酷似萨克斯。果实接近球形有 6 棱，成熟时六瓣裂开后，真的很像铃铛。

马兜铃在我国分布比较广泛，长江流域以南各地区以及山东、河南等地都能见到。它是一味比较知名的中药材，对于它的不同部位还有不同叫法：茎被称为天仙藤，有理气、祛湿、活血止痛的功效；根被称为青木香，有行气止痛、解毒消肿的功效；果实就是马兜铃，有清肺降气、止咳平喘、清肠消痔的功效。在很多古方中都有它的身影，《本草正义》中有记载：宣肺之药，紫菀微温，兜铃微清，皆能疏通壅滞，止嗽化痰，此二者，有一温一清之分，宜辨寒嗽热嗽、寒喘热喘主治。

但随着研究的深入，马兜铃科植物中的马兜铃酸类物质对肝肾有毒，但不易在短时间内察觉，故古人以为无毒，因而在 2020 版《中华人民共和国药典》中已经将其删除，不再收录。

Chelidonium majus

12

有小毒的『止疼专家』

罂粟科白屈菜属　多年生草本
高 10 ~ 60cm　花期 4 ~ 9 月
有毒植物 / 药用 / 山坡山谷 林缘草地 路旁石缝

白屈菜

白屈菜是我国的原住民，罂粟科白屈菜属家族，也被称为白鹊菜、白曲菜、地黄连、牛金花、土黄连、山西瓜等。它的叶片形态有些像西瓜，但与西瓜并无关联。《救荒本草》记载，因其茎叶皆青白色、颇似山芥菜叶而得名。

初夏时节，白屈菜的茎顶会开出数朵鲜黄的四瓣小花，十分引人注目。根部生出的数枝柔软的茎能长到 50cm 高。叶片羽状全裂，叶背面像敷着一层白色粉末，又长有绵毛，看上去微微发白。茎叶折断后流出有毒的黄色汁液。果实是圆柱形的蒴果，看起来有点像十字花科的角果。

白屈菜广泛分布在我国长江以北的温带森林地区，在它的地下有非常粗壮的宿根，地上的茎每年秋冬季节枯死，到第二年春天再重新发出来开花。

白屈菜入药已有几千年历史，其味苦，性凉，有毒，具有镇痛、止咳、利尿、解毒功效，《神农本草经》将其列为上品。它含有白屈菜碱、原阿片碱等多种生物碱，具有显著的镇痛、解痉的作用。

另外，白屈菜可制农药。干品研粉撒布，可防治地蚤类害虫。把全草放入烧着的火堆中，可熏治果园中的无脚蜥蜴类害虫和菜园中的蝶类害虫。鲜品的水浸液喷洒，可防治蚜虫和甲虫。

植物科学研究里程碑突破

一、基础理论奠基（17—19 世纪）

1. 光合作用的揭示

1772 年：英国化学家普里斯特利发现植物释放氧气。

1845 年：德国科学家迈尔提出光合作用将光能转化为化学能。

20 世纪 50 年代：卡尔文通过同位素标记实验阐明光合碳循环（卡尔文循环），获 1961 年诺贝尔奖。

2. 遗传学革命

1865 年：孟德尔发表豌豆杂交实验，奠定遗传学基础（但当时被忽视）。

1900 年：孟德尔定律被重新发现，开启现代遗传学。

1928：摩尔根团队建立染色体遗传理论，揭示基因在染色体上的线性排列。

二、技术驱动突破（20 世纪）

1. 植物激素的发现

1926 年：荷兰科学家温特发现生长素（IAA），揭开植物内源激素调控机制。

1950-60 年代：赤霉素、细胞分裂素等激素功能被解析，推动现代农业技术发展。

2. 分子生物学革命

1953 年：DNA 双螺旋结构发现，并于 1983 年首次实现植物（烟草）基因转化。

1985 年：拟南芥成为模式植物，加速植物基因功能研究。

2000 年：完成首个植物（拟南芥）全基因组测序，开启功能基因组学时代。

3. 绿色革命

1960 年代：诺曼·博洛格培育矮秆小麦，配合化肥农药使用，其产量大幅提高，获 1970 年诺贝尔和平奖。

1973 年：中国袁隆平团队实现杂交水稻三系配套，亩产提高 20% 以上。

三、现代前沿突破（21世纪）

1. 基因编辑技术

2012 年：CRISPR-Cas9 技术问世，2013 年首次应用于植物（小麦、水稻）。

2. 光合作用增效

2019 年：国际团队通过改造光呼吸途径，使光合效率提升 40%。

2022 年：中国团队实现水稻 C_4 光合途径关键基因导入，亩产大幅增加。

3. 合成生物学

2019 年：科学家在酵母中合成青蒿酸，使青蒿素生产成本降低三分之二。

2023 年：美国团队用植物细胞生产蜘蛛丝蛋白，强度是钢铁的 5 倍。

四、中国重大贡献

1. 杂交水稻（1973 年）：袁隆平团队突破籼稻杂交技术。

2. 基因组学：

2002 年：完成水稻基因组测序。

2022 年：解析全球首张玉米全基因组三维图谱。

3. 生态修复：

库布其沙漠治理：1990-2023 年植被覆盖率从 3% 升至 53%。

红树林保护：近十年中国红树林面积净增 7.2%，成全球唯一正增长国家。

植物提取药物的经典案例与科学突破

植物始终是药物创新的宝库。现代科技不仅破解了古人的经验智慧，更通过合成生物学、基因编辑等手段，让植物药突破产量与疗效的局限。在抗生素耐药、慢性病蔓延的今天，全球约 40% 在研药物仍源自植物（2023 年 NIH 数据），这一数字提醒我们：保护植物多样性，既是生态责任，更是人类健康的未来投资。

一、抗疟疾革命：青蒿素（Artemisinin）
来源植物：黄花蒿（*Artemisia annua*），中国古籍《肘后备急方》记载其抗疟作用。
有效成分：青蒿素，1972 年屠呦呦团队成功分离纯化。

二、抗癌先锋：紫杉醇（Paclitaxel）
来源植物：红豆杉（*Taxus* 属），1964 年美国科学家从太平洋紫杉树皮中首次提取。
有效成分：紫杉醇，通过稳定微管抑制癌细胞分裂。

三、心血管守护者：地高辛（Digoxin）
来源植物：毛地黄（*Digitalis purpurea*），1785 年英国医生发现其强心作用。
有效成分：地高辛，抑制心肌细胞 Na+/K+-ATP 酶，增强心脏收缩。

四、镇痛消炎经典：阿司匹林（Aspirin）
起源植物：柳树（*Salix* 属），古埃及、中国早有柳树皮退热记载。
有效成分：水杨苷→转化水杨酸，1897 年德国拜耳公司合成乙酰水杨酸（阿司匹林）。

五、神经系统药物：石杉碱甲（Huperzine A）
来源植物：蛇足石杉（*Huperzia serrata* ），中国民间用于治疗跌打损伤。

有效成分：石杉碱甲（生物碱），强效乙酰胆碱酯酶抑制剂。最新发现其可治疗阿尔茨海默病。

六、抗菌利器：小檗碱（Berberine）

来源植物：黄连（*Coptis chinensis*），《神农本草经》记载其清热功效。

有效成分：小檗碱，通过破坏细菌 DNA 超螺旋结构杀菌。

拉丁学名索引

图书在版编目（C I P）数据

山野草木绘真. ② / 花园时光编. -- 北京 : 中国林业出版社, 2025. 7. -- ISBN 978-7-5219-3184-6

Ⅰ. Q94-49

中国国家版本馆 CIP 数据核字第 20258YM752 号

出 版 人：王佳会
责任编辑：印芳
内文设计：刘临川
排　　版：李佳琦 李云清

出版发行：中国林业出版社
（100009，北京市西城区刘海胡同 7 号，电话 83143565）
电子邮箱：cfphzbs@163.com
网　　址：www.forestry.gov.cn/lycb.html
印　　刷：鸿博昊天科技有限公司
版　　次：2025 年 7 月第 1 版
印　　次：2025 年 7 月第 1 次印刷
开　　本：880mm × 1230mm　1/32
印　　张：11.5
字　　数：300 千字
定　　价：98.00 元